Gordon Adane
Hilary Zakpaa
Mak Mensah

Potencialidades metabólicas de bactérias isoladas que degradam hidrocarbonetos

Gordon Adane
Hilary Zakpaa
Mak Mensah

Potencialidades metabólicas de bactérias isoladas que degradam hidrocarbonetos

ScienciaScripts

Imprint

Cover image: www.ingimage.com

This book is a translation from the original published under ISBN 978-3-659-74469-3.

Publisher:
Sciencia Scripts
is a trademark of
Dodo Books Indian Ocean Ltd. and OmniScriptum S.R.L publishing group

120 High Road, East Finchley, London, N2 9ED, United Kingdom
Str. Armeneasca 28/1, office 1, Chisinau MD-2012, Republic of Moldova, Europe
Printed at: see last page
ISBN: 978-620-8-13327-6

Índice:

Dedicação

Dedico este trabalho ao devoto Jeová Jireh, cuja provisão e graça me trouxeram até aqui. À memória da minha falecida mãe Christiana Abisa (Adwoa Boadiwaa), da minha filha Jacqueline Adom Boadiwah e de toda a família. Também para o "Biotek Klan" 2008. Gostei da vossa companhia ao longo dos anos; a vossa influência, tal como o sal, temperou a minha vida. Durante a minha estadia nesta instituição e na redação desta tese, muitos foram os incentivos. Muitas pessoas contribuíram para o sucesso deste livro, algumas estarão nas páginas deste livro, mas todas estão nas páginas do meu coração.

Agradecimentos

Olhando para trás, para o período de redação desta tese, o conhecimento, a perceção e os desafios que foram encontrados tornaram-na totalmente estimulante e agradável. Gostaria, antes de mais, de dar crédito ao meu orientador principal, Dr. Hillary Zakpaa, a quem agradeço a orientação, os conselhos e a confiança que depositou em mim. A sua longa experiência no ensino, bem como na investigação (revisão de artigos) foi muito valiosa para mim.

Gostaria também de agradecer ao Sr. Mak Mensah, meu co-orientador, pela sua instrução e apoio ao longo deste trabalho de investigação. As suas ideias de investigação levaram-me a explorar métodos alternativos de resolução de problemas. Gostaria de agradecer ao Sr. Osei Tutu; formalmente de Ciências Biológicas (secção de Microbiologia) pelo seu apoio técnico no laboratório. Também gostaria de agradecer ao Sr. Darko e ao Sr. Abankwa da Tema Oil Refinery (TOR) pela sua generosa ajuda e orientação durante a medição GC/FID e a análise das amostras de hidrocarbonetos. Gostaria ainda de estender a minha gratidão à equipa do Laboratório de Análises Clínicas (CAn Lab) por me ter dado autorização para utilizar as suas instalações.

Por último, mas não menos importante, quero também agradecer ao Dr. F.C. Mills-Robertson, também do Departamento de Bioquímica, pela sua instrumentalidade na obtenção dos kits de teste API do Centro de Investigação Científica em Medicina Vegetal em Akuapim -Mampong e também pela assistência que prestou na identificação dos microrganismos.

Resumo

Foram investigados microrganismos degradadores de hidrocarbonetos isolados de cinco instalações diferentes de armazenamento de petróleo na área metropolitana de Kumasi. Obteve-se um total de cinco isolados bacterianos. Foram efectuadas técnicas baseadas em culturas, ou seja, isolamento, enumeração, purificação, testes bioquímicos - Índice de Perfil Analítico (API) para obter os organismos supramencionados. Os isolados (*Pseudomonas cepacia, Pseudomonas aeruginosa, Enterobacter, Proteus* e *Bacillus*) provinham de lamas de petróleo de gasolina, gasóleo e querosene. A investigação também se centrou no rastreio das potencialidades dos isolados na utilização dos seguintes substratos de hidrocarbonetos (gasolina, gasóleo e querosene) em meio de sal mineral de Bergs (BMSM). Também foram avaliados os efeitos da suplementação de diferentes nutrientes (resíduos de soja e pito) nos índices de biodegradação. Os índices de biodegradação que foram avaliados incluem a Densidade Ótica (OD $_{600nm}$), as capacidades de flutuação dos isolados, os índices de emulsificação (E_{24}) e os perfis de Cromatografia Gasosa (CG). Os isolados foram capazes de reduzir consideravelmente os substratos de hidrocarbonetos, tal como revelado nos valores da percentagem de área reportada durante o período de duas semanas, em comparação com o controlo (abiótico). Os resultados dos perfis de GC mostraram que todos os isolados tiveram uma redução muito superior a 80% nos substratos de hidrocarbonetos. *Enterobacter cloacae* mostrou o maior potencial no que diz respeito à eficiência de degradação da gasolina sob o suplemento de soja (99,66%), seguido de perto pelo consórcio (adicionado de soja), *Proteus mirabilis* (adicionado de soja) teve 99,4%, seguido por último por *Bacillus firmus* (97,2%). Para a degradação do gasóleo, *Pseudomonas cepacia* (adicionada de soja) e o consórcio (sem adição de nutrientes) foram iguais no que diz respeito à eficiência de degradação de 99,80%, seguidos de *Enterobacter cloacae* (adicionada de soja) com 99,6%, *Pseudomonas aeruginosa* e consórcio deram uma eficiência de 99,55% cada um com adição de soja. *P. aeruginosa* apresentou a menor eficiência de 93,0% com a inclusão de resíduos de pito. Para os estudos de degradação do querosene, *Enterobacter cloacae* (com adição de soja) deu 96,0%; consórcio (sem adição de nutrientes) deu 95,60%; *Enterobacter cloaeca* (sem adição de nutrientes) registou 95,5% e o menos eficiente foi *Bacillus* (com adição de soja) registou 83,4%. Em comparação com os controlos, estas eficiências de degradação foram relativamente elevadas.

Palavras chave: **isolados bacterianos, contaminação por hidrocarbonetos, biodegradação, bioestimulação, cromatografia gasosa.**

Capítulo 1

1.1 INTRODUÇÃO

As bactérias são os microrganismos mais abundantes no solo. Estão equipadas com a capacidade de utilizar diversas substâncias, incluindo substâncias orgânicas, como o petróleo, e substâncias inorgânicas para obter energia e crescimento (Marquez-Rocha *et al.*, 2001). As vias metabólicas utilizadas pelos heterótrofos que degradam hidrocarbonetos podem ser aeróbias (ou seja, utilizam o oxigénio como principal aceitador de electrões) ou anaeróbias (ou seja, utilizam um aceitador de electrões alternativo, como o nitrato ou o sulfato) (Braddock *et al.*, 1997). A degradação aeróbia processa-se geralmente mais rapidamente e é considerada mais eficiente do que a degradação anaeróbia. A razão é que as reacções aeróbias requerem menos energia livre para serem iniciadas e produzem mais energia por reação. Ao longo da evolução, verificou-se que os microrganismos que estiveram constantemente expostos ao petróleo toleram estes compostos em resultado das adaptações genéticas que tiveram lugar (Atlas 1981, van der Meer, 1994). Rabus *et al.*, (2005) afirmou que este facto culminou no aparecimento de uma população específica de espécies bacterianas (ecotipos) que prosperam no ambiente petrolífero. Alvares e Illman, (2006) observaram que a componente chave do processo de adaptação entre as comunidades microbianas é o papel dos genes que induzem a formação de enzimas responsáveis pela degradação de hidrocarbonetos petrolíferos, que se encontram em plasmídeos ou transposões que podem ser trocados entre espécies. Em última análise, podem ser criadas e adaptadas novas vias catabólicas para uma regulação eficaz. Outra caraterística é a adaptação celular que conduz a novos ecótipos em que o invólucro celular pode ser modificado para tolerar solventes (Ramos *et al.*, 2002) e também o desenvolvimento de interações a nível da comunidade que podem ajudar à cooperação no seio de consórcios. As enzimas produzidas actuam sobre os componentes do petróleo bruto, decompondo-os em formas mais simples. Nos últimos anos, muitos ecologistas microbianos identificaram várias espécies microbianas que são degradadores eficazes de hidrocarbonetos em ambientes naturais. Os hidrocarbonetos de petróleo são degradados não só por bactérias, mas também por fungos, leveduras e microalgas (Bundy *et al.*, 2004). No entanto, as bactérias desempenham um papel essencial na degradação dos hidrocarbonetos. A biodegradação do petróleo gira em torno da capacidade dos microrganismos de utilizarem os hidrocarbonetos para o seu crescimento e necessidades energéticas. Em muitos ecossistemas, já existe uma comunidade microbiana indígena adequada, capaz de biodegradar extensivamente o petróleo, desde que as condições ambientais sejam favoráveis à atividade metabólica de degradação do petróleo (Kim *et al.*, 2005). Oteyza *et al.* (no prelo), entre outros investigadores, afirmaram que as culturas mistas efectuam uma biodegradação mais extensa do petróleo do que as culturas puras. A diversidade metabólica dos microrganismos nos ambientes naturais é um fator importante na biodegradação de hidrocarbonetos. Estes microrganismos estão adaptados para sobreviver e proliferar nesse ambiente. Em segundo lugar, a capacidade de utilizar hidrocarbonetos está distribuída por uma população microbiana diversificada. Sabe-se que vários géneros de bactérias crescem em petróleo como substrato quando se recolhem amostras do contaminante para análise. Alguns deles são *Arthrobacter* sp., *Alcaligenes piechaudii* sp., *Acinetobacter* sp., *Bacillus* sp., *Brevibacillus* sp., *Corynebacterium* sp., *Pseudomonas* sp., *Rhodococcus* sp, *Flavobacterium* sp., *Micrococcus* sp., *Staphylococcus* sp., *Serratia* sp., e *Mycobacterium* sp. (Munoz-Castellanos *et al.*, 2006, Arvanitis *et al.*, 2008, Abdulsalam *et al.*, 2011)

1.2 O passado e o presente da indústria petrolífera

As actividades de exploração petrolífera no Gana tiveram início em 1896, com a perfuração de poços na área circundante de Half-Asini (região ocidental), em resultado de infiltrações de petróleo encontradas na bacia terrestre de Tano, na região ocidental do Gana (www.tullowoil.com/ghana/index.asp?pageid=27). Algumas das empresas petrolíferas gigantes que têm estado na vanguarda das actividades de exploração petrolífera no Gana nos últimos oito anos incluem: Tullow, Kosmos, Hess Corporation, Hunt Oil, Afren e Norsk Hydro Oil and Gas. Estas empresas conseguiram obter petróleo em quantidades comerciais, o que levou o Gana a aderir à Organização dos Países Exportadores de Petróleo (OPEP) (www.ghanaweb.com)

As indústrias de todo o mundo dependem fortemente da utilização do petróleo e dos seus produtos. No passado, este precioso recurso foi explorado para utilização em argamassa, para revestimento de paredes e cascos de barcos, e como arma de fogo em guerras defensivas que remontam a tempos históricos, tal como relatado por historiadores. O petróleo é uma mistura complexa de hidrocarbonetos de peso molecular variável e outros compostos orgânicos que se encontram sob a superfície da terra. É formado a partir da pirólise de hidrocarbonetos, numa variedade de reacções, na sua maioria endotérmicas a alta temperatura e pressão (Kumar *et al.*, 2011). Como termo técnico, o petróleo engloba as formas líquidas (petróleo bruto), gás natural e viscosas ou sólidas (asfalto e betume) dos hidrocarbonetos que ocorrem na terra, mas o significado é frequentemente restringido à forma líquida do petróleo. O petróleo é recuperado de poços perfurados, transportado por oleoduto ou navio-tanque para refinarias e depois convertido em combustíveis e produtos petroquímicos (http://ww.britannica.com/EBchecked/topic/454269/petroleum Encyclopedia Britannica). O que aumentou a sua utilização nas últimas décadas foi o desenvolvimento do automóvel, que deu ao petróleo um impulso como fonte primária de energia (Rahman *et al.*, 2002). Atualmente, o mundo está fortemente dependente do petróleo, não só para a força motriz, mas também para lubrificação, combustível, corantes, medicamentos e muitos produtos sintéticos. Os principais produtores de petróleo bruto e de gás natural são o Irão, a Arábia Saudita, os Estados Unidos e a Rússia, que representam mais de 60% do consumo mundial de energia; os Estados Unidos são, de longe, o maior consumidor. A produção de petróleo nos Estados Unidos atingiu o seu pico durante os anos 60; no entanto, a Arábia Saudita e a Rússia ultrapassaram os Estados Unidos (Akiner e Aldis, 2004).

De acordo com Lambertson (2008), cerca de 90% das necessidades de combustível dos veículos são satisfeitas pelo petróleo, o que o torna importante ou de importância crítica para muitas nações. O valor do petróleo como fonte de energia conveniente e densa que alimenta a grande maioria dos veículos e como base de muitos produtos químicos industriais faz dele um dos mais importantes produtos comercializados no mundo. O consumo mundial é de cerca de 30 mil milhões de barris (4,8 km^3) de petróleo por ano, e os principais consumidores de petróleo são maioritariamente os países desenvolvidos. De facto, 24% do petróleo consumido em 2004 foi apenas pelos EUA, embora em 2007 este valor tenha diminuído para 21% do petróleo mundial consumido (New York Mercantile Exchange (NYMEX) 2006; Mabro, 2006). A tabela abaixo mostra a quota de petróleo em relação ao padrão de consumo mundial de energia de acordo com as regiões geográficas.

Quadro 1: Padrões de consumo de energia a nível mundial de acordo com as regiões geográficas.

Continente	percentagens
Ásia	32%
Europa	32%
América do Norte	40%
África	41%
América do Sul e Central	44 %
Médio Oriente	53%

(Cortesia: New York Mercantile Exchange (NYMEX) 2006, Mabro 2006)

1.3 **O petróleo no ambiente e o seu impacto.**

O petróleo continuará a ser utilizado como fonte de energia para acionar os nossos motores e para outros processos até que sejam encontradas tecnologias limpas mais baratas e mais abundantes (Oboh *et al.*, 2006). Uma taxa elevada de industrialização está a impulsionar a procura de mais energia, o que culminou num aumento das actividades de exploração petrolífera em todo o mundo, tendo como consequência negativa a poluição do ambiente (Okoh e Trejo-Hernandez, 2006). Entre os numerosos contaminantes que poluem o ambiente, os hidrocarbonetos desempenham um papel especial, que está relacionado com a sua distribuição em larga escala e propriedades físico-químicas e biológicas perigosas (Lisovitskaya e Mozharova. 2008). A sua presença no ambiente não tem de ser apenas o resultado de actividades antropogénicas como a exploração, perfuração, extração, refinação e combustão, mas também de infiltrações (Kenovolden e Cooper, 2003). A descarga de produtos petrolíferos em grandes quantidades no ambiente tem tido um impacto negativo em vários ecossistemas (mar, terras, zonas húmidas e águas subterrâneas). Os seus efeitos indesejáveis põem em perigo a vida de plantas e animais (Atlas e Philp. 2005). Independentemente da fonte de contaminação, os efeitos do petróleo no ambiente são semelhantes. Alguns componentes do petróleo, como o benzeno, o tolueno, os xilenos e o etilbenzeno (BTEX), têm elevada solubilidade na água e representam uma séria ameaça para a saúde, uma vez que estes contaminantes estão associados a mutações, cancro e suscetibilidade a imunotóxicos. Este problema é mais grave nas zonas que dependem das águas subterrâneas e dos rios como principais fontes de água potável. A qualidade da água também é afetada em termos de sabor e cheiro, mesmo com um nível muito baixo de concentração destes contaminantes (Adebusoye *et al.*, 2006, Margesin e Schinner 2001, Rahman *et al.*, 2002).

Placa 1. **Um ecossistema gravemente danificado em resultado de descargas de petróleo na Nigéria (Região do Delta do Níger).**

As contaminações do solo provêm de automóveis e camiões, de contentores com fugas, portanto, de tanques de armazenamento subterrâneos (usts), de acidentes industriais e de resíduos (hidrocarbonetos) mal eliminados no solo em resultado de operações de campo que envolvem o armazenamento de combustível, o reabastecimento de veículos, instalações industriais, entre outros. As falhas técnicas e de equipamento, por vezes devido a pura negligência por parte das empresas petrolíferas transnacionais, causam degradação/poluição ambiental no solo e em zonas húmidas frágeis (Mishra *et al.*, 2001; Amunwa, 2006).

1.4 **Premissa para a degradação dos hidrocarbonetos**

Os hidrocarbonetos são considerados de origem e processos biológicos (Prenafeta- Boldu *et al.*, 2006). Partindo da inferência de Surridge (2007), pode dizer-se que um composto de hidrocarbonetos chamado hopanoide associado ao petróleo se encontra habitualmente nas paredes celulares bacterianas e que a evidência biológica destes hidrocarbonetos pode ser uma possível razão para a adaptação dos microrganismos para os degradarem tão rapidamente. O potencial genético e certos factores ambientais como a temperatura, o pH, as fontes de azoto e de fósforo disponíveis determinam a taxa e a extensão da degradação. Os esforços que visam a utilização de microrganismos e a otimização das condições do processo de degradação para melhorar o solo e as massas de água subterrâneas estão a tornar-se cada vez mais uma alternativa popular (Singh e Lin, 2008).

1.5 **Intervenções ou estratégias propostas.**

Para lidar com o problema acima referido, a palavra de ordem atualmente utilizada é biorremediação. Esta tecnologia foi adoptada por muitas empresas na África do Sul e noutros países desenvolvidos para lidar com os resíduos municipais. Foi classificada como *ex -situ* ou *in -situ.*

A bioremediação *ex-situ* envolve a remoção física do meio contaminado para outro local para tratamento. *A bioremediação in situ* envolve o tratamento do meio contaminado no local. Prevê-se que, independentemente do método escolhido, associado às condições ambientais, a identificação do(s) organismo(s) chave é pertinente para alcançar um nível mais elevado de degradação (Watanabe, 2002).

1.6 **Declaração do problema**

Rojo, (2009) referiu que, com o desenvolvimento da economia e das indústrias (exploração petrolífera), a contaminação do solo com compostos petrolíferos é motivo de preocupação a nível mundial. As descargas de hidrocarbonetos não são apenas um problema nos países que produzem petróleo, mas também nos países que o compram, processam e utilizam. Os acidentes com petroleiros e ocorrências semelhantes noutros locais há muito que chamam a atenção para o problema dos hidrocarbonetos de petróleo no ambiente. Embora os acidentes com petroleiros atraiam grande atenção dos media, não são o problema de contaminação mais comum. Os problemas ambientais causados pelo petróleo de automóveis e camiões, contentores com fugas, acidentes industriais e resíduos mal eliminados são motivos de preocupação muito mais comuns. Estes problemas resultam em atrasos na limpeza, enquanto o solo contaminado continua a poluir os recursos hídricos subterrâneos, se estiver em terra, e a morte da vida aquática, se estiver nos cursos de água. Kumasi, a segunda maior cidade do Gana, está a expandir-se com o estabelecimento de estações de serviço e, mais cedo ou mais tarde, a cidade sofrerá contaminação por petróleo. Este problema de contaminação por hidrocarbonetos será mais grave nas zonas que dependem das águas subterrâneas e dos rios como principal fonte de água potável (Samanta *et al.*, 2002).

No Gana, há poucos ou nenhuns dados sobre locais que tenham sido contaminados pelo armazenamento ou pelas operações de hidrocarbonetos. Qualquer que seja a fonte de contaminação, os produtos petrolíferos podem atingir reservas de água subterrânea, lagos ou cursos de água que fornecem água para uso doméstico e industrial. Para além da alteração óbvia do sabor e do cheiro da água quando contaminada com quantidades mínimas de hidrocarbonetos petrolíferos, Onosode (2001) referiu que os derrames de petróleo destruíram terras agrícolas, poluíram as águas superficiais e subterrâneas, causaram problemas na pesca e mataram muitos nigerianos rurais devido a incêndios e explosões na região. Os constituintes do gasóleo (HAP) são conhecidos por serem cancerígenos, mutagénicos e um potente imunotóxico, constituindo assim uma séria ameaça para a saúde humana e animal e para os ecossistemas durante um período prolongado de libertação. Estes poluentes podem também prejudicar algumas comunidades microbianas que são importantes em alguns ciclos biogeoquímicos desse ecossistema, o que afecta a produtividade do mesmo.

1.7 **Justificação**

A biorremediação, que utiliza processos biológicos para melhorar a qualidade dos hidrocarbonetos do ambiente, é já uma tecnologia de sucesso para a limpeza de solos e sedimentos marinhos (van Herwijnen *et al.*, 2006; Das e Mukherjee, 2007). Quando ocorreu o derrame de petróleo da British Petroleum (BP) no Golfo do México, em abril de 2010, as partes interessadas das comunidades piscatórias, os ambientalistas e as agências de turismo que se encontravam ao longo da praia de Miami e noutros locais ficaram tensos porque o problema tinha ficado fora de controlo. Esperava-se que o derrame chegasse à costa e diminuísse as fortunas das comunidades situadas ao longo da costa, mas isso nunca aconteceu. Como é que o problema foi resolvido e quem foram os heróis desconhecidos? Apareceram uns micróbios estranhos (bactérias) que consumiram o contaminante que se tinha espalhado por uma longa distância em milhas náuticas durante várias semanas. A experiência do Alasca, entre outras, demonstrou que a bioremediação é possível. Várias revisões e publicações de investigação mostraram que a degradação de hidrocarbonetos não é invulgar e que o processo de degradação não se restringe apenas a alguns microrganismos, mas está amplamente distribuído por numerosos géneros ou taxa (Yakubu, 2007).

A biodegradação de solos contaminados com hidrocarbonetos, que explora a capacidade dos microrganismos para degradar e/ou desintoxicar contaminantes orgânicos, foi estabelecida como um método eficiente, económico e versátil que se adapta às condições e locais locais (Mehrashi *et al.*, 2003, Taki *et al.*, 2007, Obayori *et al.*, 2008). Existe uma necessidade de desenvolver métodos ou técnicas para acelerar a remoção destes contaminantes do ambiente. É possível identificar e utilizar micróbios que tenham a capacidade de degradar hidrocarbonetos aromáticos no solo e nas águas subterrâneas, embora as tecnologias convencionais não tenham conseguido produzir o impacto desejado. Uma investigação na África do Sul, realizada por Atangana (2008), mostrou que a concentração da maioria dos componentes de hidrocarbonetos selecionados utilizados numa experiência de campo foi reduzida até 100% e que as actividades microbianas se correlacionaram com a redução do teor de hidrocarbonetos no solo. De facto, existem várias empresas, incluindo a Bio systems e a MRO Product Management (Pty) Ltd, ambas empresas sul-africanas, que se especializaram na bioremediação de hidrocarbonetos no solo, compostos orgânicos clorados, bem como resíduos de refinarias e petroquímicos, utilizando microrganismos preparados não patogénicos para tratar estes xenobióticos perigosos.

1.8 **O objetivo principal**

A atividade microbiana, por si só, não é prova suficiente de atenuação natural; pode ser utilizada em conjunto com outras provas, como o tratamento físico e químico. O objetivo do presente trabalho é isolar e caraterizar bactérias degradadoras de hidrocarbonetos de instalações de armazenamento de petróleo na área metropolitana de Kumasi.

1.9 **Objectivos específicos**

- Determinar os microrganismos que degradam os hidrocarbonetos presentes em algumas instalações de armazenamento na área metropolitana de Kumasi.
- Identificar o organismo por morfologia, coloração de Gram, teste da catalase e outros testes bioquímicos (API 20 E e API CH 50).
- Determinar o efeito do resíduo de soja e do resíduo de pito na degradação dos vários hidrocarbonetos de petróleo por culturas individuais e mistas.
- Investigar o potencial de biodegradação de cada estirpe através da determinação do teste de estabilidade da emulsão (E_{24}), do teste de flutuação e da densidade ótica ($OD_{600\,nm}$) e o perfil de Cromatografia Gasosa de espécies individuais e culturas mistas em vários substratos de hidrocarbonetos de petróleo.

Capítulo 2

2.1 0 REVISÃO DA LITERATURA

2.10 Papel dos microrganismos na bioremediação

A bioremediação é a utilização de sistemas ou agentes biológicos para destruir ou reduzir as concentrações de resíduos perigosos de locais contaminados. As informações que chegam de todos os lados indicam que não é preciso procurar muito para encontrar microrganismos com potencial para degradar compostos de petróleo (Odokuma e Dickson, 2003). Foram publicados os resultados de vários estudos sobre a resposta da comunidade bacteriana ao tratamento de bioremediação de solos poluídos com petróleo bruto ou classes específicas de hidrocarbonetos. Os microrganismos indígenas que abundam em locais contaminados com petróleo são adequados para inóculos durante a bioremediação. Foi realizada uma experiência de campo nas zonas secas e húmidas do Delta do Níger, na qual os microrganismos indígenas foram identificados e utilizados para demonstrar a sua capacidade de metabolizar o petróleo bruto leve de Bonny (Odokuma e Dickson, 2003).

No Egito, verificou-se que uma estirpe isolada de uma estação de tratamento de águas, identificada como Pseudomonas sp. (H12), era altamente eficiente na degradação de misturas de hidrocarbonetos de benzeno, tolueno, xileno, etc. (Amer *et al.*, 2008). Os relatórios e publicações de microrganismos nativos do solo, incluindo os mencionados anteriormente, não podem ser ignorados. Estes micróbios actuam como agentes de transformação de compostos orgânicos complexos em elementos constituintes simples. Este processo é designado por mineralização. Os produtos finais da degradação dos hidrocarbonetos de petróleo são o dióxido de carbono e a água, que são também medidas da respiração e atividade microbiana nos solos (Obire e Nwaubeta, 2001). Abaixo encontra-se uma placa que ilustra o processo de mineralização.

Placa 2: **Um diagrama mostrando a mineralização de contaminantes orgânicos** (Cortesia: Resposta, EPA 2001, 542-F-01-001)

Várias investigações e análises indicam que os microrganismos (bactérias) podem absorver os contaminantes para o seu próprio crescimento e construir novas células (petrolproteínas). No entanto, nos solos, o desaparecimento de alguns hidrocarbonetos, especialmente os hidrocarbonetos aromáticos policíclicos (PAH), não envolve necessariamente a conversão completa em dióxido de carbono e água (Obire e Nwaubeta, 2001). Bossert e Bartha (1984) afirmaram que os compostos de HAP parcialmente oxidados podem ser incorporados no húmus do solo.

2.11 Bioremediação: abordagens e adaptação

A bioremediação, sendo uma atenuação natural, baseia-se nas capacidades das comunidades microbianas naturais para degradar os poluentes ambientais. Um exemplo clássico é o estudo de caso em que foi utilizada numa aplicação em grande escala na limpeza da costa do Alasca, após o derrame de petróleo do petroleiro Exxon Valdez em 1989. Os sistemas de bioremediação têm um espetro potencialmente alargado de aplicações locais, incluindo águas subterrâneas, solos, lagoas, lamas e fluxos de resíduos de processos (Shell Petroleum Development Company, 2002). Aichberger *et al*, (2005) e várias revisões sugerem que, nos locais onde existe contaminação por produtos petrolíferos, o espetro de competências profissionais necessárias é muito alargado. No entanto, são necessários três aspectos importantes nos estudos de bioremediação, que incluem a composição microbiana, o tipo de contaminante, a geologia do local poluído e as condições químicas no local contaminado (Hamdi *et al.*, 2007).

O objetivo da bioremediação é destruir completamente os poluentes, se possível, ou, pelo menos, transformá-los em substâncias inócuas (Sheetal, 2012). Esta tecnologia acelera a biodegradação natural em condições melhoradas, como o fornecimento de oxigénio, a temperatura, o pH, a presença ou a adição de uma população microbiana adequada (bioaumento) e de nutrientes (bioestimulação), o teor de água e a mistura (Margesin e Schinner, 1999). Os estudos demonstraram que existe uma vasta gama de compostos que podem ser sujeitos a descontaminação biológica por um ou outro sistema de bioremediação.

2.12 Bioestimulação

Este processo envolve a estimulação de microrganismos indígenas para degradar o contaminante. A degradação microbiana de muitos poluentes em ambientes aquáticos e no solo é dificultada principalmente pela disponibilidade de nutrientes, como o azoto, o fósforo e o fornecimento de oxigénio. Foi demonstrado que a adição de azoto e fósforo e o fornecimento de oxigénio adicional ou de arejamento estimulam as populações microbianas indígenas a terem um melhor desempenho (Trindade *et al.*, 2005). Se não dispuserem de uma grande quantidade de oxigénio e de nutrientes, os micróbios acabarão por esgotar as reservas existentes, limitando assim a quantidade de contaminação que pode ser removida. Margesin e Schinner, (2001); Roland e Atlas (2011), e Van Hamme *et al.*, (2003) documentaram que a natureza lenta da biodegradação e a capacidade biodegradativa dos micróbios poderiam ser resolvidas pela adição de fertilizantes. Outra linha de ação é a adição de uma segunda fonte de carbono para estimular a sinergia dos consórcios.

2.13 **Teor nutricional do resíduo de soja e do resíduo de pito.**

O custo elevado, juntamente com a indisponibilidade de fertilizantes inorgânicos no Gana, promoveu um interesse renovado na utilização de resíduos agrícolas, tais como resíduos de pito e resíduos de soja, como fontes de nutrientes para muitos processos, tais como a bioestimulação. O sorgo é uma fonte rica de potássio, fósforo e azoto; tem uma boa quantidade de cálcio, ferro e sódio. Além disso, possui uma certa quantidade de tiamina, niacina e riboflavina, que são identificadas como factores de promoção do crescimento dos seres vivos (www.organicfacts.net/nutrition, Nishidha Patil). A soja, por outro lado, é bem conhecida pelo seu elevado teor de proteínas e contém todos os aminoácidos essenciais necessários para o crescimento e o desenvolvimento. Entre os seus componentes minerais, destacam-se o potássio, o sódio, o cálcio, o magnésio, o enxofre e o fósforo. As vitaminas hidrossolúveis presentes nos grãos de soja são a tiamina, a riboflavina, a niacina, o ácido pantoténico, a biotina, o ácido fólico, o inositol e a colina. As vitaminas lipossolúveis presentes nos grãos de soja são as vitaminas A e E (www.soytech.com/soy)

2.14 **Co-metabolismo**

As actividades sinérgicas ou co-metabolismo ocorrem quando um organismo está a utilizar um composto para o seu crescimento e oxida gratuitamente um segundo composto que é resistente a ser utilizado como nutriente e fonte de energia pelo organismo primário, mas os produtos de oxidação estão disponíveis para utilização por outras populações microbianas.

Esta ação sinérgica facilita a degradação de muitos poluentes recalcitrantes através da introdução de compostos análogos ao poluente alvo, criando assim condições positivas para o metabolismo e o crescimento (Igwo-Ezikpe *et al.*, 2010). Um estudo de Burback e Perry (1993) descreveu este fenómeno quando *Mycobacterium vaccae* co-metabolizou ciclohexano enquanto crescia em propano. O ciclo-hexano foi oxidado em ciclo-hexanol, que outras populações bacterianas (*Pseudomonas*) utilizaram em seguida. A transformação por co-metabolismo assegura a reciclagem de compostos relativamente recalcitrantes que não suportam o crescimento de qualquer cultura microbiana (Atlas e Bartha, 1993). O género *Pseudomonas* é conhecido pela sua imensa capacidade de crescer em vários compostos orgânicos. Os estudos de biodegradação do fenol com as espécies bacterianas resultaram na descoberta do possível mecanismo e também da enzima envolvida no processo (Annadurai *et al.*, 2000; Nair *et al.*, 2008).

2.15 **Biossurfactantes**

As bactérias e os fungos são predominantes na degradação dos hidrocarbonetos; estes micróbios desenvolveram diferentes adaptações para explorar substratos pouco solúveis. A maior parte deles produz biossurfactantes (moléculas anfifílicas) de natureza química e tamanho molecular diversos com atividade biológica eficaz (Desai e Banat 1997). Ajudam a dispersar os hidrocarbonetos, aumentam a área de superfície de substratos hidrofóbicos insolúveis em água, maximizando a sua biodisponibilidade, incentivando assim o crescimento de bactérias com um aumento da taxa de mineralização (Rosenberg e Ron, 2002). Tem havido uma investigação bastante extensa sobre alguns micróbios que têm a capacidade de degradar muitos poluentes e produzir biosurfactantes ou emulsionantes com aplicações benéficas (Bell *et al.*, 1998). Verificou-se que uma grande variedade de microrganismos que degradam o petróleo provocam a formação de emulsões de óleo em água quando crescem em hidrocarbonetos. A utilização de biossurfactantes tem vantagens únicas que foram brevemente descritas.

- Diversidade estrutural com propriedades únicas. A opção de produção económica e a sua biodegradabilidade. Estas caraterísticas tornam-nas uma escolha promissora para aplicações no reforço da bioremediação de hidrocarbonetos (Whang *et al.*, 2009).
- Capacidade de manter as suas propriedades mesmo em condições extremas de pH, temperatura e salinidade (Rosenberg e Ron, 2002).
- Baixa irritação e compatibilidade com a pele humana (Pornsunthorntawee *et al.*, 2009).
- Biodisponibilidade, atividade em diversas condições, aceitabilidade ecológica, baixa toxicidade.

Podem também ser alterados pela biotecnologia e pela engenharia genética, aumentando assim a biodisponibilidade de compostos orgânicos pouco solúveis, diminuindo a tensão superficial e aumentando a deslocação de substâncias oleosas do solo (Banat *et al.*, 2000; Tugrul e Cansunar, 2005).

Segundo Yakubu (2007), a investigação sobre a biodegradação tem dois efeitos secundários: muitas das enzimas utilizadas nas vias de degradação de substratos invulgares catalisam reacções novas. São muitas vezes inespecíficas e têm uma utilização potencial como biocatalisadores na indústria para a produção de novos produtos químicos finos que, de outro modo, são difíceis de sintetizar e, em segundo lugar, a compreensão das vias e dos seus genes pode levar à utilização de estirpes recombinantes portadoras de vias que foram melhoradas por engenharia genética para degradar compostos que são resistentes ao ataque microbiano.

2.16 **Bioaugmentação**

A bioaumentação é a introdução de microrganismos cultivados num ambiente contaminado com o objetivo de facilitar o processo de biodegradação (Mrozik e Piotrawska-Peget, 2009). A informação sobre a presença e a concentração das bactérias pode então ser utilizada para avaliar o progresso dos esforços para remover o poluente do solo contaminado. Os isolados individuais têm menor capacidade de biodegradação do que os consórcios microbianos, especialmente para misturas complexas de compostos como o gasóleo e o petróleo bruto (Wang *et al.*, 2008). Embora algumas publicações (Prince, 1997; Swannell *et al.*, 1996) afirmem que a bioaumentação se revelou geralmente ineficaz para estimular a degradação da contaminação por hidrocarbonetos de petróleo, um estudo de Ruberto *et al.*, (2003) sobre a bioremediação de um solo antártico contaminado com hidrocarbonetos demonstrou uma remoção de 75% do hidrocarboneto quando o solo contaminado foi bioaumentado com uma estirpe psicrotolerante (B-2-2) e que a bioaumentação melhorou a eficiência da bioremediação dos micróbios introduzidos. Uma publicação de Vecchiolli *et al.*, (1990) afirmou que, para além da presença natural de bactérias degradadoras de hidrocarbonetos nos solos, a inoculação microbiana exógena é capaz de acelerar a biodegradação sempre que as condições são adequadas. Watanabe, (2002) descreveu a afirmação anterior (Ruberto *et al.*, 2003) como um método bioquímico direto que utiliza a presença de organismos bacterianos no solo. Os componentes recalcitrantes do petróleo bruto, como os HAP, foram decompostos e tornados inofensivos por micróbios que foram objeto de engenharia (Nilanjana e Preethy, 2011). Desde a década de 1960, foram propostas vias catabólicas para vários organismos e caracterizados os grupos de genes envolvidos na sua degradação (Frantz e Chakrabarty1986). Ramos *et al.* (2002) referem a manipulação de genes de bactérias para melhorar a degradação de alguns hidrocarbonetos, explicando alguns papéis desempenhados pelos plasmídeos na codificação das enzimas das vias biodegradativas. No entanto, algumas vias de degradação podem produzir produtos intermédios, que ficam retidos em vias sem saída, ou transformar os poluentes em compostos tóxicos. Esta situação pode ser melhorada através da adição de uma cultura de sementes (bioaumentação) de microrganismos selecionados ou geneticamente modificados.

2.17 **Composição e caraterísticas dos hidrocarbonetos de petróleo.**

O petróleo é uma mistura líquida de hidrocarbonetos (óleo) obtida a partir de reservatórios naturais subterrâneos (Hynes 2001., Kumar *et al.*, 2011). Os hidrocarbonetos do petróleo podem ser categorizados, para simplificar, em quatro fracções: Saturados, Aromáticos, Resinas (N, O, S,) e Asfaltenos. Os saturados são caracterizados pela ausência de (naftenos). Os hidrocarbonetos aromáticos têm um ou vários anéis aromáticos e são normalmente substituídos por diferentes grupos alquilo. A fração aromática contém hidrocarbonetos mono-aromáticos voláteis (benzeno, tolueno, xilenos, etc.) e hidrocarbonetos aromáticos policíclicos (PAH), tais como nafteno aromáticos e compostos de enxofre aromáticos, tais como tiofenos e dibenzotiofenos. É de salientar que as fracções de HAPs, que estão associadas à contaminação por petróleo, incluem carcinogéneos suspeitos e conhecidos, sendo o mais tóxico o benzo(a)pireno. As resinas são sólidos amorfos verdadeiramente dissolvidos no petróleo, enquanto os asfaltenos são moléculas grandes dispersas coloidalmente no petróleo (Alloway e Ayres 1993; Sheetal, 2012). As proporções relativas destas fracções dependem de muitos factores, como a fonte, a história geológica, a idade, a migração e a alteração do petróleo bruto (Gallego *et al.*, 2001, Harayama *et al.*, 1992). Os hidrocarbonetos de petróleo mais comuns que contaminam o ambiente são a gasolina, o gasóleo e os óleos combustíveis. Os hidrocarbonetos de petróleo situam-se entre C_6 e C_{25}. A gasolina é uma fração leve na gama de C_6 a C_{10} com uma temperatura de ebulição que varia entre 23° C e 204° C. O gasóleo pertence ao grupo dos destilados médios (C_6 a C_{24}) com uma temperatura de ebulição entre 202° C e 320° C. A maioria dos hidrocarbonetos do gasóleo situa-se entre C_{10} e C_{18}. Outra literatura de Speight (1991) afirma que as moléculas na gama da gasolina têm 4-12 átomos de carbono, o querosene tem 12-16, o gasóleo ou fuelóleo tem 14-20 e os óleos mais pesados têm 20 ou mais átomos de carbono. As moléculas com o mesmo número de átomos de carbono podem variar no número de átomos de hidrogénio. O fuelóleo (querosene) e os lubrificantes são cortes mais pesados dos produtos petrolíferos e semelhantes em composição e caraterísticas aos destilados médios. Estes tipos de combustíveis são relativamente viscosos e insolúveis em água e são relativamente imóveis na subsuperfície. De seguida, apresentam-se alguns componentes estruturais do petróleo.

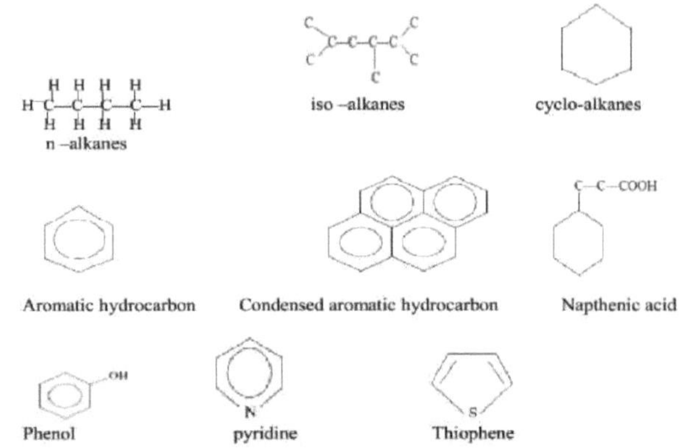

Figura 1. **Categorias estruturais de alguns componentes do petróleo bruto (Alloway e Ayres 1993).**

Os produtos petrolíferos têm propriedades químicas e físicas basicamente semelhantes. Para efeitos de remediação de contaminantes, as propriedades físicas mais importantes são a volatilidade, a solubilidade em água e a viscosidade. A viscosidade dos óleos derramados determina o espalhamento e a dispersão da mistura de hidrocarbonetos e também a área de superfície disponível para o ataque microbiano. Os destilados mais comuns são a gasolina, o gasóleo, o querosene e o gás de petróleo liquefeito (GPL).

Quadro 2: **Composição em percentagem dos componentes do petróleo**

Elementos	Composição percentual (%)
Carbono	83-87
Hidrogénio	10-14
Nitrogénio	0.1-1.2
Oxigénio	0.1-1.5
Enxofre	0.5 - 1.6

Fonte: Speight (1999).

2.18 Toxicidade dos hidrocarbonetos de petróleo

A utilização do petróleo como fonte primária de energia é conveniente em termos de disponibilidade, mas os efeitos nocivos que deixa em vários ecossistemas têm consequências de longo alcance, como reiterado por vários ambientalistas. Os meios de comunicação social indicam que grandes quantidades destas toxinas são libertadas em áreas povoadas e no ecossistema a nível mundial. Os contaminantes do solo mais comuns são os derivados do petróleo. Estes produtos químicos tendem a espalhar-se pelo solo por difusão. Os hidrocarbonetos provenientes do gasóleo e da gasolina constituem um problema generalizado, devido aos HAP. Muitos HAP são conhecidos como carcinogéneos e outros são suspeitos de serem produtos químicos deletérios que devem ser impedidos de contaminar a água potável (van Grevenynghe *et al.*, 2005; Samanta *et al.*, 2002). Acredita-se que as moléculas de carbono mais curtas facilitam a degradação pelos microrganismos (Montagnolli *et al.*, 2009). Existem muitos pontos de vista sobre o que pode constituir toxicidade. Muitos compostos contribuem para uma elevada toxicidade, mas os HAP formados pela combustão de combustíveis e pela decomposição de lubrificantes em concentrações elevadas são considerados letais para os microrganismos do solo (Henry,

1998). Em geral, os produtos petrolíferos com baixos pontos de ebulição parecem ser mais tóxicos do que os fuelóleos mais pesados, enquanto os óleos brutos são intermédios no que respeita à toxicidade. As pequenas moléculas hidrofóbicas são altamente tóxicas para os microrganismos devido à sua partição na membrana citoplasmática (Sikkema *et al.*, 1995).

Concentrações elevadas de componentes do petróleo, como os BTEX, podem ser tóxicas para as populações microbianas e, por conseguinte, atrasar a degradação (Alagappan e Cowan, 2003). Estas fracções petrolíferas perturbam as ligações proteína-lípido e lípido-lípido na membrana, causam perturbações funcionais, aumentam a fluidez da membrana e a difusão passiva dos compostos hidrofóbicos para o interior da célula (Sikkema *et al.*, 1995). A toxicidade do petróleo bruto nos seres humanos inclui necrose hepática, congestão do fígado, degeneração da gordura e dissociação dos hepatócitos. Os animais e as aves que vivem em áreas contaminadas por petróleo apresentam uma emulsão negra no trato digestivo com um odor a petróleo. Este facto reduz a absorção de nutrientes e, finalmente, leva à morte destas aves (Khan e Ryan, 1991).

2.19 . A natureza das lamas de petróleo

Na indústria petrolífera, uma mistura de cera, óleo, areia e água é designada por slop ou lama. A percentagem de óleo de lama varia consoante o tipo de crude e as condições em que foi transportado. Normalmente, a quantidade de lamas de óleo varia entre um valor baixo de 0,5% e um valor elevado de 10%; normalmente, situa-se entre 2% e 5% (Goldman e Gordon 2006, www.worldintellectualpropertyorganisation). A presença de lamas tende a reter a humidade e a aumentar a corrosão e a ferrugem nos tanques. Um dos principais impactos económicos das lamas de asfalteno e parafina no mercado petrolífero ocorre quando as parafinas e os asfaltenos se separam dos óleos brutos durante o transporte marítimo. Se um oleoduto ficar obstruído ou entupido devido à precipitação da cera de parafina durante a operação de bombagem, pode surgir uma crise. Numerosos oleodutos em todo o mundo são entupidos diariamente ou mensalmente devido à precipitação da cera do petróleo bruto (Goldman e Gordon 2006, www.woridmtellectualpropertyorganisation).

2.20 A influência do solo e da água em relação à degradação por degradadores de hidrocarbonetos.

De acordo com (Manilal e Alexander, 1991), os hidrocarbonetos de petróleo tendem a aderir ao solo com elevado teor orgânico, como as substâncias húmicas e os minerais argilosos. A facilidade com que a biomassa microbiana degradadora de hidrocarbonetos se move é afetada tanto pela textura como pela estrutura do solo. Os materiais grosseiros oferecem menos resistência aos microrganismos do que os solos de textura fina. Em solos de textura fina, os hidrocarbonetos ficam menos disponíveis para biodegradação. As partículas finas e as quantidades significativas de matéria orgânica nos sedimentos também adsorvem os poluentes à matriz. Geralmente, os compostos de hidrocarbonetos de petróleo ligam-se aos componentes do solo e são difíceis de remover ou degradar (Barathi e Vasuden, 2001). Um composto de elevado peso molecular com uma solubilidade muito baixa em água impede que o processo natural de biodegradação funcione eficazmente em solos contaminados com hidrocarbonetos. Estes compostos também penetram nos macro e microporos do solo, limitando assim o transporte de água e ar que seria necessário para a conversão da matéria orgânica (Caravaca e Roldan, 2003).

2.21 Bioquímica da degradação microbiana do petróleo

As tendências evolutivas mostram que os microrganismos que têm estado constantemente expostos a uma vasta gama de petróleo desenvolveram enzimas necessárias para os degradar. Muitos microrganismos, como *Pseudomonas aeruginosa*, *Pseudomonas putida* e *Bacillus subtilis*, *Bacillus cereus*, *Bacillus licheniformis* e *Bacillus laterospor* excretam emulsionantes que aumentam a área de superfície do substrato. Estes microrganismos modificam a sua superfície celular para aumentar a sua afinidade por substratos hidrofóbicos e assim facilitar a sua absorção (Cybulski *et al.*, 2003; Carvalho e Fonseca, 2005). Os compostos de petróleo são degradados pelos microrganismos para satisfazer necessidades nutricionais e energéticas e também para desintoxicar o ambiente imediato. Por vezes, as reacções de mineralização ocorrem de forma fortuita, de tal modo que o organismo não recebe qualquer benefício nutricional ou energético. Normalmente, é necessária a sinergia (cometabolismo) de dois ou mais micróbios (consórcio). Há uma variedade de bactérias e fungos capazes de co-metabolizar hidrocarbonetos aromáticos policíclicos. Quando o composto petrolífero entra no solo ou nas águas subterrâneas, a biodegradação natural será efectuada pelos micróbios indígenas que parecem estar sempre presentes, mesmo em ecossistemas marinhos frios (Christofi e Ivshina, 2002). A formação de enzimas para decompor esses compostos só é induzida quando as bactérias o exigem. Alguns destes organismos desenvolveram um sistema adicional e altamente eficaz para responder a uma variedade de potenciais substratos de crescimento. A elucidação do destino da contaminação por hidrocarbonetos pelos microrganismos é bastante complexa, uma vez que depende da maquinaria enzimática da população microbiana indígena. As vias metabólicas nas células microbianas são fortemente reguladas (expressas constitutivamente) e extremamente sensíveis às necessidades da célula. *As Pseudomonas* sp, entre outras espécies, são versáteis na sobrevivência e no metabolismo das contaminações por hidrocarbonetos. Vidali, (2001) explicou que, para que estas entidades biológicas efectuem uma biodegradação eficaz, a presença de um indutor é imperativa para a síntese de enzimas específicas para o(s) composto(s) alvo. As principais caraterísticas da sua versatilidade metabólica incluem:

1) A posse de oxigenases específicas de grupos de hidrocarbonetos e mecanismos de otimização do contacto com o hidrocarboneto.
2) Produção de agentes emulsionantes extracelulares por micróbios induzidos pelo crescimento em hidrocarbonetos.

As vias de degradação microbiana começam com a ação de dioxigenases multicomponentes (Mason e Cammack, 1992) ou através de monooxigenações sucessivas do anel aromático para produzir dióis (Harayama, 1992), seguidas de desidrogenação dos dois átomos de carbono hidroxilados adjacentes. As enzimas (bioemulsificantes) produzidas pelos degradadores de hidrocarbonetos facilitam a sua capacidade de degradação dos hidrocarbonetos. A emulsificação ajuda a dissolução dos hidrocarbonetos na água e proporciona uma área de superfície alargada para o contacto direto dos microrganismos com gotículas de hidrocarbonetos líquidos, Rosenberg e Ron, (1999). Parales e Haddock, (2004) afirmaram que os microrganismos podem transportar eficazmente para as suas células hidrocarbonetos líquidos dissolvidos (pouco solúveis) e utilizá-los para o seu crescimento. A estrutura química de um hidrocarboneto afecta a sua biodegradação de duas formas. Em primeiro lugar, a molécula pode conter grupos ou substituintes que não podem reagir com enzimas disponíveis ou induzíveis. Em segundo lugar, a estrutura pode determinar que o composto se encontre num estado físico em que a degradação microbiana não ocorra facilmente. A solubilização não é o único fator que influencia a degradação dos hidrocarbonetos (Cybulski *et al.*, 2003). Estas enzimas desempenham um papel importante na biodegradação, uma vez que definem a gama de substratos de cada bactéria. Os compostos aromáticos são transformados num número limitado de metabolitos centrais que são posteriormente degradados em intermediários do ciclo de Krebs. No entanto, os genes de algumas destas enzimas estão evolutivamente relacionados entre si, apesar de oxidarem poluentes diferentes. Os microrganismos decompõem a maioria dos compostos orgânicos em dióxido de carbono, água e matéria mineral, como o sulfato, o nitrato e outros compostos inorgânicos. A via aeróbica é a mais rápida e eficiente, porque as reacções aeróbicas requerem menos energia livre para serem iniciadas e produzem mais energia por reação (http://home.eng.iastate.edu, Todd Brubaker). Os hidrocarbonetos são decompostos por uma série de reacções mediadas por enzimas, em que o oxigénio funciona como um aceitador de electrões externo, enquanto um componente orgânico da substância contaminante funciona como dador de electrões ou fonte de energia. Na ausência de O_2, o NO^- 3, SO_4^{2-} são utilizados como aceptores de electrões (Braddock *et al.*, 1997). A via geral de degradação de um alcano envolve a formação sequencial de um álcool, um aldeído e um ácido gordo. O ácido gordo é clivado, libertando dióxido de carbono e formando um novo ácido gordo com duas unidades de carbono a menos do que a molécula-mãe, num processo conhecido como betaoxidação. O ataque enzimático inicial envolve um grupo de mono-oxigenases (Atlas e Bartha, 1998; http://home.eng.iastate.edu)

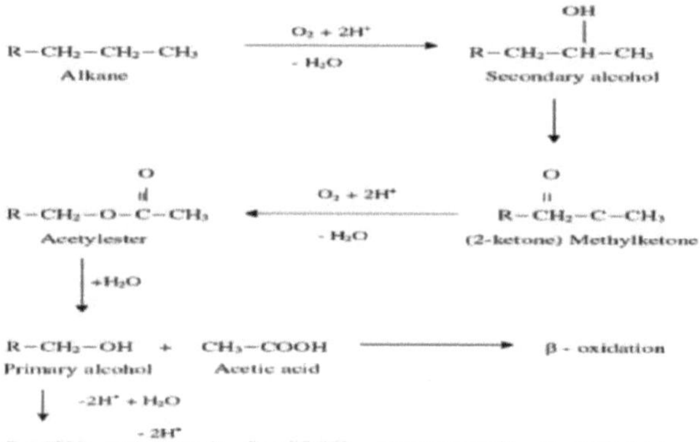

Figura 2. Via através da qual a oxidação subterminal dos alcanos produz duas porções de ácidos gordos, que são posteriormente metabolizadas por beta-oxidação (Atlas e Bartha, 1998).

A energia obtida com estas transferências de electrões é "investida" juntamente com alguns electrões e carbono do contaminante para produzir mais células bacterianas. Estes são essenciais para o crescimento celular e são referidos como os substratos primários (Atlas, 1981). A via geral para os hidrocarbonetos aromáticos envolve a *cis-hidroxilação* da estrutura do anel, formando um diol (por exemplo, catecol) utilizando a dioxigenase. O anel é clivado oxidativamente pelas dioxigenases, formando um ácido dicarboxílico (por exemplo, ácido mucónico). A oxidação de compostos aromáticos substituídos processa-se geralmente através da beta-oxidação inicial da cadeia lateral, seguida da clivagem da estrutura do anel (Atlas e Bartha, 1998). As reacções acima referidas na Figura 2 podem ser resumidas da seguinte forma:

Substâncias orgânicas + micróbios + O2 → biomassa + CO_2 + H_2O + **outros materiais inorgânicos.**

Assim, a substância orgânica é oxidada (adição de oxigénio), e o O_2 é reduzido (adição de electrões e hidrogénio à água (H_2O). Neste caso, a substância orgânica serve de fonte de energia (electrões) e de fonte de carbono celular utilizado para construir a célula microbiana (biomassa). Diferentes espécies microbianas têm diferentes capacidades de biodegradação. Devido a este facto, os perfis de biodegradação de diferentes bactérias são uma tarefa importante para a seleção de microrganismos em processos de bioremediação.

Capítulo 3

3.00 **Materiais e métodos**

3.10 **Amostragem**

As amostras de lamas foram recolhidas em cinco (5) instalações de armazenamento de petróleo (locais) na metrópole de Kumasi, utilizando a técnica de amostragem sistemática por área. As áreas amostradas incluem a zona Norte (Suame-Maakro) - estação de abastecimento de petróleo, Sul (Kwamo) - estação de abastecimento de petróleo, Este (Tafo) - estação de abastecimento de petróleo, Oeste (Kaase) - transporte de petróleo e armazenamento a granel (BOST) e (Kotei) - retalhista local. A placa abaixo indica (em círculo pontilhado) as localizações geográficas de onde foram recolhidas as amostras de lamas.

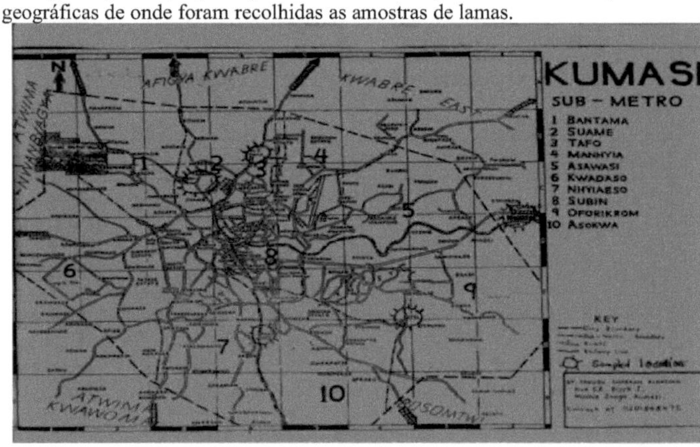

Placa 3: **Mapa da metrópole de Kumasi (os locais de amostragem são indicados por círculos pontiagudos).**

Foi recolhido um total de quinze amostras, três de cada local. As três amostras de cada local foram a gasolina (1), o gasóleo (2) e o querosene (3). Os prefixos (1), (2) e (3) representam as amostras de lamas de gasolina, gasóleo e querosene, respetivamente. As amostras foram recolhidas com uma espátula e sacos de plástico esterilizados. Os produtos comerciais (petróleo) de gasolina, gasóleo e querosene utilizados na experiência foram comprados na estação de serviço Kentinkrono Mobil, enquanto o querosene foi obtido num retalhista local (Gawo).

Placa 4. **Amostras de lamas de Tafo**

3.11 **Isolamento e enumeração de culturas de bactérias heterotróficas totais (THB)**

Um (1) g de borra de óleo de cada uma das amostras de gasolina, gasóleo e querosene de cada um dos cinco locais foi pesado em tubos de ensaio contendo 9 ml de água destilada estéril. O conteúdo foi agitado vigorosamente para obter uma mistura homogénea. Foram preparadas diluições seriadas de dez vezes na gama de 10^{-6} - 10^{-9} utilizando água destilada estéril. Para isolar as bactérias heterotróficas totais (THB), foi utilizada a técnica de Pour Plate (Oxid). Foram colocadas em placas alíquotas (1 ml) de diluições de amostras de 10^{-6} -10^{-9} . A experiência acima referida foi efectuada em duplicado. A mistura foi deixada a solidificar e depois incubada a 37°C durante 24 horas. As bactérias heterotróficas totais (THB) e as unidades formadoras de colónias /g (CFU/g) das lamas, que constituem um índice de contaminação microbiana dos resíduos e do local, são calculadas a partir de cada uma das colónias bacterianas nas placas e multiplicadas pelo recíproco da diluição adequada.

i.e. No of CFU/ of sludge = average number of colony X initial weight of soil
Dilution factor

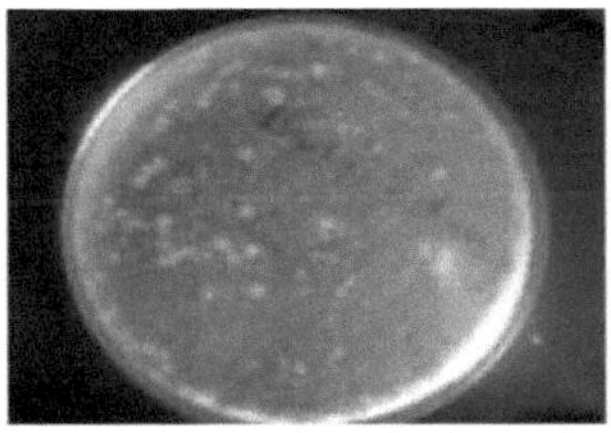

Placa 5. **Uma placa de Petri representativa com isolados bacterianos.**

3.12 **Purificação de isolados de culturas**

Colónias discretas de cada um dos microrganismos isolados foram colhidas e subcultivadas em ágar nutriente por sementeira para obter culturas puras. Assim, as colónias que eram únicas e não cruzadas foram colhidas e semeadas em placas de ágar nutriente, incubadas a 37°C durante 24 horas e armazenadas a 4°C até nova utilização.

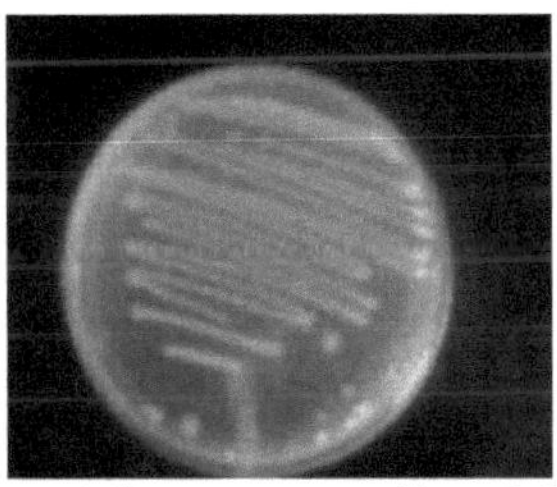

Placa 6. **Uma placa de Petri representativa com uma cultura de bactérias purificadas.**

As estirpes purificadas foram mantidas em placas de ágar nutriente e armazenadas a 4° C com subculturas sucessivas de duas em duas semanas.

3.13 **Identificação bacteriana**

Os isolados (bactérias) que degradam o óleo das áreas representativas da amostra foram identificados pelas suas caraterísticas morfológicas com base na forma e no tamanho da morfologia das colónias em placas de ágar nutriente (NA) Oxid e no teste da catalase. Todos os isolados foram examinados pela reação de coloração de Gram para diferenciar entre bactérias Gram-positivas e Gram-negativas. As caraterísticas fisiológicas foram determinadas com base numa bateria de testes bioquímicos, assim como nos kits de teste API Analytical Profile Index (API 20 E e API CH 50).

3.14 **Identificação de colónias pela técnica de coloração de Gram**

As células bacterianas são difíceis de observar porque são quase transparentes. No entanto, a maioria das bactérias pode ser corada com corantes para aumentar o contraste entre as células e o fundo. A técnica de coloração de Gram consiste nos seguintes passos

- Foi preparado um esfregaço de cada colónia numa lâmina de vidro e fixada.
- O esfregaço foi corado com solução de violeta de cristal durante um minuto. Em seguida, foi lavado com solução de iodo.
- A solução de iodo foi deixada no esfregaço durante um minuto, depois lavada com água e escorrida.
- O esfregaço foi descolorado com álcool (75%) (aproximadamente 30 segundos) e a lâmina foi lavada com água e escorrida.
- O esfregaço foi inundado com Safranina, depois lavado e seco, colocando a lâmina entre dois pedaços de papel de Whiteman. As formas das células foram então observadas através de um microscópio.

3.15 **Ensaio da catalase [Método]**

Misturou-se numa lâmina uma colherada de células de cada cultura em ágar com uma gota de peróxido de hidrogénio a 30%. O aparecimento de bolhas num intervalo de tempo de 5 segundos a 3 minutos é indicativo da presença de catalase. As bolhas são os produzido pela reação.

$$H2O2 + H\,O_{22} > 2\,H_2\,O + O_2$$

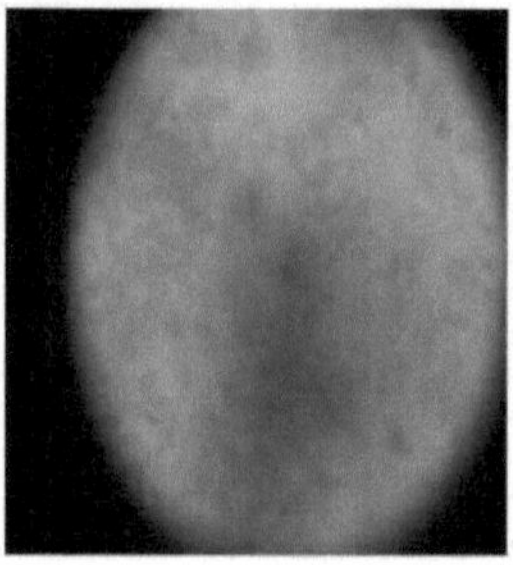

Placa 7. (A) Gram-positivo (N2) Vista microscópica (1000x)

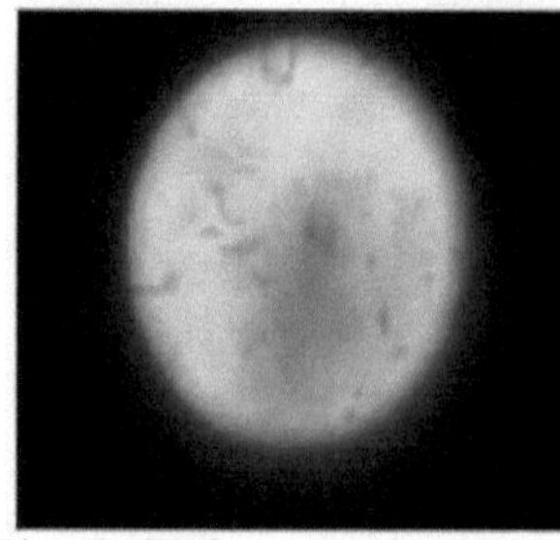

Placa 8. (B) Gram-negativo (N1) Vista microscópica (1000x)

3.16 **Crescimento bacteriano**

3.17 **Preparação de meios de degradação**

Neste estudo, foram utilizadas fontes de azoto como a soja e o sorgo maltado (resíduos de pito). Cada uma destas fontes de azoto foi adicionada a 33 ml de meio de sal mineral de Bergs (BMSM) (Bergs *et al.*, 1990) a uma concentração de 0,5% (p/v) a um pH de 10+ 0,5. Dois por cento (2% v/v) de gasolina, gasóleo e querosene foram distribuídos em garrafas esterilizadas de 100 ml contendo o BMSM acima referido em condições assépticas. Repetiu-se a mesma experiência, mas sem suplemento de nutrientes. Foi introduzida assepticamente em cada um dos meios uma colher de cada isolado (cultura pura). Foi também introduzida uma cultura mista (consórcio); foi também criado um controlo sem qualquer microrganismo. Os conjuntos (tratamentos) foram mantidos à temperatura ambiente num agitador rotativo (Lab line n.º 3590), com agitação a 110 rpm durante catorze dias. Foram monitorizados os índices de crescimento, ou seja, a densidade ótica (DO $_{600\ nm}$) e o teste de flutuação. A DO $_{(600\ nm)}$ dos meios de cultura foi medida espectrofotometricamente, tal como descrito por Rahman *et al.* (2002), com um intervalo de dois dias, para permitir uma monitorização apreciável do crescimento das bactérias em condições experimentais, juntamente com o do controlo estéril. Foram também medidos os valores de pH de vários meios de cultura. O controlo não inoculado foi utilizado para monitorizar a perda abiótica dos produtos petrolíferos. Segue-se o esquema da montagem ou dos tratamentos.

MSM +Gasolina + cultura pura
MSM +Gasolina + resíduos de pito +cultura pura
MSM +Gasolina + resíduo de soja + cultura pura
MSM +Gasolina + resíduo de soja +consórcio
Controlo: MSM +Gasolina (sem cultura adicionada)
MSM +Diesel + cultura pura
MSM + gasóleo + resíduos de pito + cultura pura
MSM + gasóleo + resíduo de soja + cultura pura
MSM +Diesel + resíduo de soja +consórcio
Controlo: MSM + gasóleo (sem adição de cultura)
MSM +Querosene + cultura
MSM + querosene + resíduos de pito + cultura
MSM + querosene + cultura de resíduos de soja
MSM +Querosene +Resíduo de soja +consórcio
Controlo (sem micróbios): MSM + querosene (sem cultura adicionada)

3.18 **Teste de flutuação**

1.1 ml de BMSM foram colocados em tubos de ensaio e autoclavados. Os meios foram suplementados com 2 ml de uma mistura dos três produtos petrolíferos em condições asséepticas. Estes foram semeados com culturas simples e mistas. O conjunto foi tapado com algodão e colocado num agitador rotativo a uma velocidade de 108 rpm durante 14 dias. A montagem foi efectuada em duplicado. A capacidade de flutuação de cada um dos microrganismos no tubo de ensaio foi determinada por observação visual de cada tubo. A instalação revelou diferentes padrões de flutuação dos micróbios nos tubos de ensaio.

3.19 **Medições da biodegradação de hidrocarbonetos.**

O potencial de biodegradação dos isolados individuais foi medido. Cada estirpe microbiana isolada foi submetida a tratamento para investigação pormenorizada da utilização de hidrocarbonetos. O crescimento dos microrganismos foi monitorizado regularmente através da medição da DO $_{(600\ nm)}$ dos meios de cultura.
Além disso, o índice de emulsificação (E_{24}) também foi determinado como um segundo parâmetro para avaliar o potencial de biodegradação das bactérias isoladas. São rápidos e fáceis de efetuar, e não requerem equipamento especializado. A emulsificação é expressa como uma percentagem da altura da camada emulsionada sobre a altura total da coluna de líquido após 24 horas de crescimento.

3.20 **Análise quantitativa**

3.21 **Recuperação de substratos/perdas de hidrocarbonetos residuais.**

Os substratos de hidrocarbonetos (óleo não degradado/óleo residual) no BMSM foram extraídos através do procedimento de extração líquido-líquido, utilizando hexano como extraente. Inicialmente, foram adicionados 15 ml de hexano ao meio de cultura numa ampola de decantação de 250 ml, tapada e agitada durante cerca de 2 minutos para separar os contaminantes na fase solvente. Após a decantação, a mistura no funil separou-se em duas fases: a fase solvente e a fase aquosa. A fase aquosa foi drenada para um frasco, enquanto a fase solvente foi mantida num frasco esterilizado, tapado e guardado no frigorífico até à análise. Estes passos foram repetidos para todas as amostras, incluindo os controlos. A fase aquosa foi utilizada para o índice de emulsificação (E_{24}).

Placa 9: **Um diagrama que ilustra a separação líquido-líquido.**

3.22 **Rastreio da estabilidade da emulsificação**

3.23 **Índices de emulsificação (E_{24}).**

O índice E_{24} da amostra de cultura foi determinado conforme descrito por (Desai e Banat., 1997). Dois por cento (v/v) da mistura de gasolina, gasóleo e querosene foram adicionados ao mesmo volume do meio de cultura dos vários tratamentos, respetivamente, num tubo de centrifugação de 15 ml. A mistura foi agitada em vórtice durante 2 minutos e deixada em repouso durante 24 horas. O índice E_{24} é determinado como a percentagem da camada emulsionada (mm) dividida pela altura total da coluna de líquido (mm).

$$\text{i.e. } E_{24} \text{ index} = \frac{\text{height of emulsified layer (mm)}}{\text{Total height of the liquid column (mm)}} \times 100$$

3.24 **Análise de substratos de hidrocarbonetos extraídos.**

A análise de hidrocarbonetos foi efectuada no laboratório de garantia de qualidade da Tema Oil Refinery (TOR). Foi utilizado um aparelho de cromatografia gasosa (GC) - Agilent 6890, equipado com um detetor de ionização de chama (FID), utilizando um software integrador avançado. A temperatura do forno foi inicialmente regulada para 30° C e aumentada a uma taxa de 6° C por minuto para 300° C. O gás de transporte, hélio, foi deixado fluir a uma taxa constante de 1,0 ml/min. Três microlitros dos substratos extraíveis foram analisados numa coluna capilar de polidimetilsiloxano de 30 m. Os produtos petrolíferos extraídos com o solvente hexano são assumidos como sendo 100% de acordo com o relatório da área percentual. O hexano, por ser mais leve e puro, surge primeiro e apresenta o pico mais elevado. Os valores da percentagem de área do hexano são subtraídos da mistura total de petróleo para obter os valores da percentagem de área dos hidrocarbonetos residuais. Estes valores são comparados com os valores da percentagem de área dos padrões autênticos determinados inicialmente. A eficiência de degradação (D%) dos isolados foi calculada utilizando a fórmula abaixo indicada.

$$D\% = \frac{\Sigma\, TPHs\, sd - \Sigma\, TPHS\, trd}{\Sigma TPHs\, sd} \times 100$$

D%= (soma das áreas dos picos dos TPHs do querosene antes (sd)-soma das áreas totais dos picos dos TPHs do querosene tratado depois (trd) / soma das áreas dos picos dos TPHs antes (sd) X 100 Em que sd = padrão, trd= tratado.

Capítulo 4

4.00 **RESULTADOS**

4.10 **Caraterísticas das colónias**

Quadro **3:** Caraterísticas das colónias

Amostra	Tamanho da colónia/Speed	Cor da colónia	Média de unidades formadoras de colónias (ufc/g)	Log10 de ufc/g	forma	Gs	Ct
N1	médio	creme/branco	1.40×10^{7}	7.1	Varas curtas circulares	+	++
E1	médio	branco/creme	7.40×10^{6}	6.9	Varas curtas	+	++
W1	médio	branco/creme	1.20×10^{9}	9.1	Varas em correntes	-	-
S1	médio	branco/creme	1.80×10^{9}	9.3	Varas longas	-	-
K1	médio	creme/branco	7.20×10^{8}	8.9	Varas	-	-
N2	médio	creme/branco	1.25×10^{9}	9.18	Varas curtas em correntes	-	-
E2	médio	branco/creme	1.00×10^{9}	9.0	Pequenos coliformes (esporos	-	-
W2	médio	branco/creme	1.50×10^{9}	9.1	Varas	-	-
S2	médio	branco/creme	1.40×10^{9}	9.15	Varas	-	-
K2	médio	creme/branco	1.00×10^{9}	9.0	Varas curtas	+	+
N3	médio	Amarelo	80.00×10^{6}	6.9	Varas em correntes	+	+

E3	médio	branco/creme	$1.00x10^9$	9.0	Varas	-	-
W3	médio	branco/creme	$1.80x10^9$	9.26	Varas curtas	+	+
S3	médio	creme/branco	$1.28x10^9$	9.11	Varas curtas	-	-
K3	médio	creme/branco	$1.36x10^9$	9.13	Varas curtas	+	+

Gs= coloração de Gram e Ct = teste da catalase. N = Suame-Markro, S= Kwamo, Tafo =E, W= Kaase, K=Kotei. 1= amostra de lamas de gasolina, 2= amostra de lamas de gasóleo e 3= amostras de lamas de querosene.

4.12 Gráficos que mostram a carga microbiana expressa em Log_{10} de ufc/g (figura 4-6).

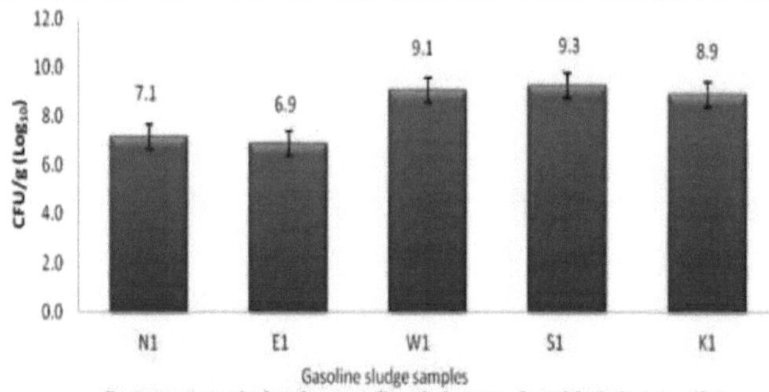

figure 3 : A graph showing gasoline sludge samples with their respective microbial load [cfu/g(log_{10})]

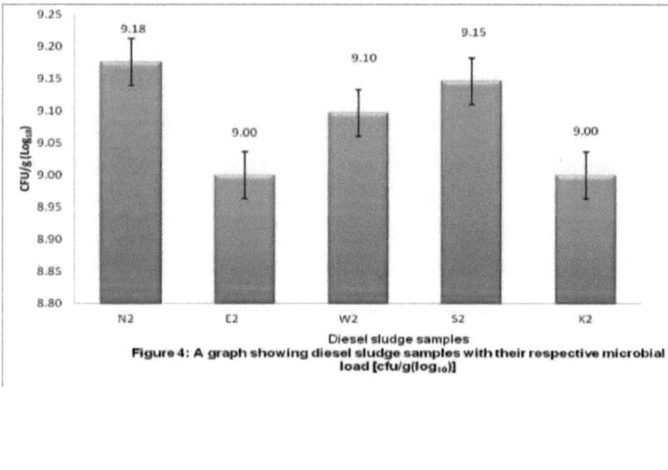

Figure 4: A graph showing diesel sludge samples with their respective microbial load [cfu/g(log_{10})]

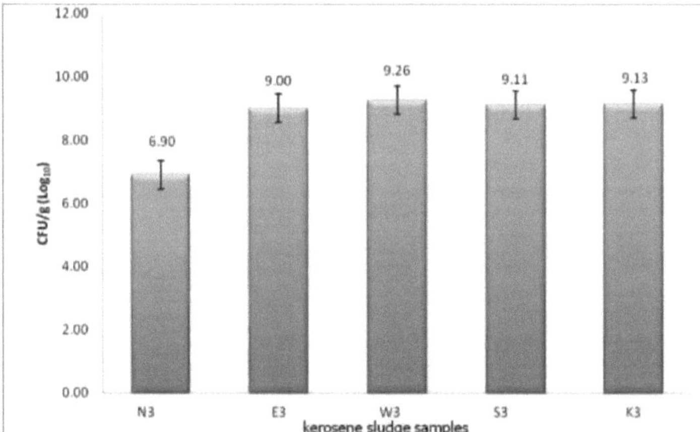

Figure 5: A graph showing Kerosene sludge samples with their respective microbial load [cfu/g(log$_{10}$)]

A carga microbiana média registada para as amostras de lamas de gasolina variou de acordo com a figura 3; vale a pena notar que, estatisticamente, não houve diferenças significativas ($p > 0{,}05$) entre as amostras W1, S1 e K1, no entanto, estas foram significativamente diferentes ($p > 0{,}05$) das amostras N1 [7,1 ufc/g ($_{\log 10}$)] e E1 [6,9 ufc/g ($_{\log 10}$)]. Observou-se que as instalações de armazenamento de petróleo e os locais que recebem produtos petrolíferos há muito tempo e de forma contínua apresentavam a carga microbiana mais elevada, o que se reflectiu na carga microbiana de Kaase (W1), onde a Bulk Oil and Storage Transport Company tem o seu depósito.

A carga microbiana nas amostras de lamas de gasóleo era geralmente elevada. As amostras N2, W2 e S2 não foram significativamente diferentes umas das outras, embora o valor mais elevado tenha sido registado para N2 (figura 4), ao passo que E2 e K2 foram estatisticamente diferentes, embora o mesmo valor tenha sido registado a $p > 0{,}05$, como mostra a figura 4. A diferença acima referida pode ser atribuída ao facto de o chão do contentor de onde foram retiradas as amostras E2 e K3 ter sido betonado e receber uma lavagem regular do contentor.

Para as amostras de lamas de querosene não houve diferença significativa entre as amostras E3, W3, S3 e K3; não obstante o facto de W3 ter registado a carga microbiana mais elevada de 9,62 ufc/g ($_{\log 10}$) a $p < 0{,}05$. No entanto, N3 foi estatisticamente diferente com um valor de $p < 0{,}05$. A razão acima referida também pode ser atribuída aos resultados acima referidos, porque foi registada uma carga microbiana mais baixa, como se pode ver na figura 5.

4.13 **Resultados dos microrganismos identificados com o kit de ensaio API CH 50**

Quadro 4: **Resultados dos microrganismos identificados utilizando o kit de ensaio API CH 50**.

Tabela 4: Resultado do microrganismo identificado utilizando o kit de teste API CH 50.

Amostra	Ensaio API CH 50	
N1	varetas positivas	*Bacillus firmus*
N3	varetas positivas	*Bacillus firmus*
E1	varetas positivas	*Bacillus firmus*

K2	varetas positivas	*Bacillus firmus*
K3	varetas positivas	*Bacillus firmus*

4.14 Resultados da identificação de microrganismos com o kit API 20E

Tabela 5: Resultado do microrganismo identificado utilizando o kit de teste API 20 E

Código de amostra	Código API	Organismo identificado
N2	2 202 004	*Pseudomonas aeruginosa*
S1	2 213 004	*Pseudomonas aeruginosa*
S2	4 302 004	*Pseudomonas cepacia*
S3	4 302 004	*Pseudomonas cepacia*
E2	2 202 004	*Pseudomonas aeruginosa*
E3	2 212 004	*Pseudomonas aeruginosa*
W1	3 304 573	*Enterobacter cloacae*
W2	3 304 573	*Enterobacter cloacae*
W1	3 305 573	*Enterobacter cloacae*
K1	0636 000	*Proteus mirabilis*

4.15 **Resultado da distribuição microbiana em termos de percentagem**

Quadro 6: Percentagem de bactérias em amostras de gasolina, gasóleo e querosene de cinco locais da área metropolitana de Kumasi.

Organismo	(1)	(2)	(3)	percentagem global (%)
Bacillus firmus	2	1	2	33*
Pseudomonas sp.	3	2	-	40
Enterobacter cloacae	1	1	1	20
Proteus mirabilis	1	-	-	6.7*
Número total de sítios	5	5	5	100

(1) = amostra de lamas de gasolina (2) amostra de lamas de gasóleo (3) amostra de lamas de querosene. * Valor(es) aproximado(s).

A partir dos locais amostrados e dos vários testes efectuados, verificou-se que *o Bacillus firmus* estava mais associado às amostras de lamas de gasolina de Suame-Maakro, Tafo e Kotei. Foram também encontrados bacilos nas amostras de lamas de querosene de Suame e Kotei. A amostra de lamas de gasóleo de Kotei também tinha bacilos presentes, como se pode ver na Tabela 6.

4.16 **Distribuição de bactérias em amostras de lamas de vários locais**.

Dos cinco locais amostrados, dois dos cinco locais para as amostras de lamas de gasolina indicaram a presença de *Bacillus firmus*, representando uma percentagem de 33,3%, enquanto *as Pseudomonas sp.* estavam mais associadas às amostras de lamas de gasóleo e querosene. No caso do gasóleo, três dos cinco locais amostrados (60%) continham *Pseudomonas sp.* No caso das amostras de lamas de querosene, *Pseudomonas* e *Bacillus* pareciam co-dominar os locais, uma vez que cada um deles estava presente em dois dos locais amostrados. Os resultados da distribuição são apresentados no Quadro 6. A população microbiana mais elevada foi a de *Pseudomonas* (40%), seguida de *Bacillus* (33%), *Enterobacter* (20%) e *Proteus* (6%). Estes isolados estabeleceram-se como sendo capazes de viver em vários substratos de hidrocarbonetos; no entanto, não foi conclusivo que estes fossem os únicos isolados bacterianos que pudessem estar presentes.

4.17 Resultados da medição do potencial de crescimento: Densidade ótica (OD $_{600nm}$) viz -a -viz o seu pH (Quadros 7-15)

Tabela 7. Medição da DO em função do pH de meios de cultura contendo gasolina (2%) suplementada com resíduos de pito durante um período de 14 dias

	0	2.O	Dias			10ª	12ª	14ª
			4.o	6ª	8ª			

		OD/pH						
Bacillus firmus	0.00	0.05	0.28	0.45	0.48	0.45	0.40	0.40
	10.00	8.50	8.30	8.10	7.60	7.40	7.00	6.70
Enterobacter cloacae	0.00	0.18	0.40	0.79	0.80	0.80	0.74	0.70
	10.00	8.75	8.60	8.40	7.80	7.60	7.40	6.90
Pseudomonas aeruginosa	0.00	0.12	0.30	0.45	0.50	0.80	0.60	0.54
	10.00	8.17	8.40	8.00	7.70	7.30	7.00	6.90
Prtoteus mirabilis	0.00	0.48	0.38	0.81	0.90	0.84	0.83	0.70
	10.00	8.74	8.30	8.10	7.80	7.20	7.10	6.50
Consórcio	0.00	0.20	0.57	0.60	0.75	0.83	0.87	0.86
	10.00	10.00	10.00	9.50	9.40	9.40	9.30	9.00

Tabela: 8. Medição da DO em função do pH de meios de cultura contendo Diesel (2%) suplementado com resíduos de pito durante um período de 14 dias

				Dias				
	0	2	4	6	8	10	12	14
Pseudomonas aeruginosa	0.00	0.75	0.69	OD/pH 0,64	0.9	0.42	0.24	0.27
	9.80	8.70	8.40	7.90	7.70	7.40	7.00	6.80

Enterobacter cloacae	0.00	0.65	0.75	0.69	0.95	0.42	0.29	0.52
	10.00	8.80	8.20	7.60	7.50	7.20	6.80	6.30
Pseudomonas cepacia	0.00	0.85	0.43	0.75	0.45	0.30	0.15	0.60
	10.00	8.50	8.20	7.90	7.40	7.00	6.70	6.40
Bacillus firmus	0.00	0.90	0.75	0.77	0.93	0.45	0.14	0.07
	9.80	8.75	8.30	8.00	7.80	7.20	7.00	6.80
Consórcio	0.00	0.85	0.50	0.60	0.60	0.48	0.28	0.28
	10.00	8.50	8.10	7.85	7.50	7.25	6.95	6.70
Controlo	0.00	0.00	0.00	\ 0.01	0.00	0.02	0.18	0.20
	0.00	0.00	9.80	9.80	9.80	9.40	9.50	9.00

Tabela 9: Medição da DO em função do pH de meios de cultura contendo querosene (2%) suplementado com resíduo de pito durante um período de 14 dias

				Dias				
	0	2	4	6	8	10	12	14
Pseudomonas aeruginosa	0.20	0.80	0.55	OD/pH 0,55	0.63	0.41	0.41	0.75
	10.00	8.90	8.60	8.10	7.60	7.20	6.75	6.50

Enterobacter cloacae	0.00	0.37	0.12	0.12	0.38	0.37	0.37	0.40
	10.00	8.60	8.20	7.80	7.40	7.00	6.85	6.45
Pseudomonas cepacia	0.02	0.69	0.66	0.66	0.74	0.06	0.06	0.30
	9.90	8.50	8.10	7.60	7.10	6.90	6.70	0.64
Bacillus firmus	0.00	0.44	0.70	0.70	0.88	0.50	0.56	0.60
	10.00	8.70	8.25	7.85	7.50	6.95	6.60	6.30
Consórcio	0.21	0.72	0.45	0.54	98	0.80	0.60	0.50
	10.00	8.60	8.40	7.90	7.40	7.10	7.00	6.80
Controlo	0.00	0.00	0.00	0.02	0.02	0.04	0.02	0.05
	10.20	10.00	10.00	10.00	9.85	9.70	9.50	9.50

Tabela 10: Medição da DO em função do pH de meios de cultura contendo gasóleo (2%) durante um período de 14 dias.

			Dias					
	0	2	4	6	8	10	12	14

				OD/pH				
Bacillus firmus	0.00	0.00	0.00	0.00	0.02	0.06	0.00	0.40
	10.00	8.84	8.60	7.80	7.20	7.00	6.50	6.50
Enterobacter cloacae	0.00	0.00	0.00	0.00	0.02	0.05	0.02	0.06
	10.00	8.42	7.90	7.50	7.20	7.10	6.80	6.50
Pseudomonas aeruginosa	0.00	0.00	0.00	0.00	0.00	0.00	0.01	0.20
	10.00	8.70	8.20	7.90	7.30	7.20	6.80	6.40
Proteus mirabilis	0.00	0.00	0.02	0.00	0.01	0.40	0.02	0.05
	10.00	8.85	8.40	8.00	7.80	7.30	6.50	6.50
Consórcio	0.00	0.18	0.20	0.20	0.03	0.00	0.40	0.10
	10.00	8.85	8.30	8.00	7.70	7.20	6.70	6.40
(Controlo abiótico)	0.00	0.00	0.00	0.05	0.05	0.02	0.02	0.03
	10.00	10.00	10.00	10.00	10.00	9.80	9.80	9.80

Tabela: 11. Medição da DO em função do pH de meios de cultura contendo querosene (2%) durante um período de 14 dias.

	Dias							
	0	2	4	6	8	10	12	14
	OD/pH							
Pseudomonas aeruginosa	0.09	0.40	0.60	0.30	0.30	0.19	0.04	0.02
	10.00	8.70	8.40	7.90	7.00	6.80	6.50	6.30
Enterobacter cloacae	0.05	0.10	0.12	0.14	0.37	0.28	0.20	0.03
	10.00	8.80	8.20	7.80	7.10	7.00	6.80	6.50
Pseudomonas cepacia	0.00	0.04	0.05	0.29	0.30	0.25	0.10	0.10
	10.00	8.70	8.00	7.60	6.90	6.80	6.05	6.20
Bacillus firmus	0.02	0.24	0.42	0.24	0.27	0.10	0.12	0.09
	10.00	8.50	8.10	7.80	7.40	6.80	6.90	6.20
Consórcio	0.28	0.42	0.46	0.54	0.60	0.50	0.35	0.21
	10.00	8.90	8.20	7.50	7.20	7.00	6.90	6.50
Controlo	0.000	0.00	0.00	0.01	0.00	0.02	0.18	0.20

	10.00	10.00	10.00	10.00	9.80	9.90	9.80	9.53

Tabela: 12. Medição da DO em função do pH de meios de cultura contendo querosene (2%) durante um período de 14 dias.

				Dias				14
	0	2	4	6	8	10	12	
Pseudomonas aeruginosa	0.00	0.00	OD/pH 0,05	0.02	0.17	0.18	0.21	0.26
	9.80	8.95	8.30	7.80	7.40	6.80	6.50	6.20
Enterobacter cloacae	0.00	0.00	0.01	0.00	0,15	0.16	0.18	0.10
	10.00	8.72	8.20	7.50	7.00	7.00	6.70	6.40
Pseudomonas cepacia	0.00	0.00	0.02	0.20	0.05	0.07	0.12	0.20
	10.00	8.77	8.20	7.60	7.20	6.80	6.40	6.20
Bacillus firmus	0.00	0.00	0.00	0.08	0.11	0.15	0.18	0.28
	10.00	8.80	8.00	7.60	7.00	6.80	6.50	6.10
Consórcio	0.00	0.20	0.21	0.16	0.20	0.30	0.36	0.26
	10,00	8,50	7.90	7.40	6.70	7.00	6.30	6.30

Controlo	0.00	0.00	0.00	0.01	0.01	0.00	0.01	0.00
	10.00	10.00	10.0	10.00	9.80	9.80	9.70	9.00

Tabela 13: Medição da DO em função do pH de meios de cultura contendo gasolina (2%) suplementada com resíduos de soja durante um período de 14 dias.

				Dias				
	0	2	4	6	8	10	12	14
Bacillus firmus	0.30	0.72	0.35	OD/pH 0,35	0.28	0.60	0.52	0.50
	9.85	8.54	8.20	7.80	7.20	6.30	6.50	6.30
Enterobacter cloacae	0.28	0.88	0.67	0.65	0.35	0.44	0.50	0.45
	10.00	8.50	8.30	7.90	7.20	6.20	6.20	6.20
Pseudomonas aeruginosa	0.02	0.70	0.60	0.54	0.27	0.50	0.57	0.54
	10.00	8.35	8.20	20	7.00	6.80	6.30	6.80
Proteus mirabilis	0.25	1.00	0.89	0.50	0.38	0.69	0.48	0.50
	9.95	8.60	8.00	7.40	7.20	6.70	6.50	6.50

Consórcio	0.20	0.90	0.78	0.70	0.57	0.60	0.40	0.45
	10.20	8.70	8.20	7.80	7.30	6.90	6.70	6.50
(Controlo abiótico)	0.00	0.00	0.01	0.01	0.05	0.05	0.05	0.02
	10.20	10.00	10.00	9.95	9.90	9.80	9.80	9.00

Tabela 14: Medição da DO em função do pH de meios de cultura contendo gasóleo (2%) suplementado com resíduos de soja durante um período de 14 dias.

			-		Dias			
	0	2	4	6	8	10	12	14
				OD/pH				
Pseudomonas aeruginosa	0.00	0.46	0.60	0.60	0.40	0.43	0.45	0.60
	10.05	8.90	8.10	7.50	6.9	6.70	6.50	6.50
Enterobacter cloacae	0.02	0.50	0.53	0.53	0.50	0.46	0.16	0.30
	10.00	8.50	8.00	7.70	6.80	7.00	6.80	6.60
Pseudomonas cepacia	0.04	0.75	0.77	0.72	0.43	0.30	0.175	0.50
	9.90	8.70	7.30	7.00	6.80	7.10	7.00	6.80

Bacillus firmus	0.10	0.70	0.72	0.68	0.40	0.16	0.20	0.27
	10.00	8.50	7.40	7.10	7.00	6.80	6.50	0.64
Consórcio	0.33	1.00	0.80	0.70	0.65	0.35	0.51	0.70
	10.00	8.50	7.70	7.20	7.00	7.00	6.80	6.50
Controlo	0.00	0.00	0.02	0.00	0.01	0.02	0.02	0.00
	10.00	10.00	10.00	10.00	9.85	9.80	9.70	9.50

Tabela 15: Medição da DO em relação ao pH de meios de cultura contendo querosene (2%) suplementado com resíduo de soja durante um período de 14 dias.

	0	Dias					12	14
		2	4	6 OD/pH	8	10		
Bacillus firmus	0.05	0.40	0.55	0.60	0.63	0.60	0.54	0.50
	10.00	8.60	8.20	7.70	7.30	7.05	6.80	6.70
Pseudomonas aeruginosa	0.02	0.50	0.38	0.40	0.50	0.53	0.40	0.42
	10.2	8.55	8.00	7.60	7.00	7.00	6.70	6.70
Enterobactor cloacae	0.05	0.46	0.43	0.46	0.44	0.40	0.38	0.30
	10.20	8.50	8.00	7.40	7.10	6.80	6.40	6.30

Pseudomonas cepacia	0.350	0.52	0.51	0.65	0.64	0.58	0.55	0.44
	10.20	8.52	7.90	7.20	6.90	6.70	6.30	6.20
Consórcio	0.03	0.20	0.60	0.70	0.64	0.63	0.58	0.54
	9.85	8.75	8.00	7.50	7.10	6.90	6.40	6.40
(Controlo abiótico)	0.00	0.00	0.01	0.01	0.00	0.02	0.00	0.00
	10.20	10.00	10.00	9.50	9.10	9.00	8.90	8.50

Verificou-se uma tendência geral nos valores de pH e OD em todos os tratamentos (Quadros 15), ou seja, uma descida gradual dos valores de pH com um aumento concomitante dos valores de OD (600 nm) até um ponto cm que estes se tornaram constantes, diminuíram ou registaram alguns aumentos. Uma exceção a esta tendência foi observada e registada nos tratamentos em que não foram introduzidos micróbios (controlo); houve aumentos marginais nos valores de DO e muito poucas alterações nos valores de pH. Este facto não é invulgar, de acordo com Mills *et al.* (2003).

4.18 **Resultados do ensaio de flutuação**

Quadro 16: **Teste de flutuação/distribuição em tubos de ensaio**:

Quadro 16. Teste de flutuação/distribuição em tubos de ensaio:

Resíduos de Pito + BMSM + microrganismo(s)	capacidade de flutuação
Bacillusjïrmus	
Enterobacter cloacae	4- + +
Psuedomonas aeruginosa	+
Proteus mirabilis	-
Soja + BMSM+ microorganismos)	

Psuedomonas aeruginosa	
Enterobacter cloacae~^~	
Psuedomonas cepacia	+ + +
Bacillusfirmus	-
BAASAÏ + microrganismo(s) (sem adição de nutrientes)	
Bacillus firmus	
Psuedomonas aeruginosa	
Enterobacter cloacae	+
Psuedomonas cepacia	-
(-) suspensão (+) mau (++) moderado (+ + +) muito bom	

Observou-se que *Enterobacter cloacae* em todos os tubos de ensaio (tubo de ensaio Borosil 11 cm^3) flutuava (coagulava no topo) em todos os tratamentos. *Bacillus firmus* foi geralmente encontrado em suspensão nos meios. O comportamento de flutuação das outras espécies não seguiu qualquer padrão, uma vez que nalguns episódios flutuaram enquanto nalguns tratamentos ficaram suspensas (Tabela 16).

4.19 **Resultados dos índices de emulsificação (E24)**

Tabela: 17. **Índices de emulsificação (E24)**

	Percentagem de (E)2+	sem adição de nutrientes

	Pito	Gasolina de soja	
Bacillusβrmus	1.5/4 x 100 = 37.5%	1.5/4x100= 37.5%	N/S(0%)
Enterobacter cloacae	2.5/4 x 100 = 62.5%	3/4 x 100 =75.0%	N/S (0%)
Psuedomonas aeruginosa	2/4 x 100- 50.0%	1,5/4 x 100= 37.5%	N/S (0%)
Proteus mirabilis	1.5/4x100= 37.5%	1.5/5 x 100=37.5%	N/S (0%)
Controlo	N/S (0%)	N/S(0%)	(0%) N/S
		Gasóleo	
Psuedomonas aeruginosa	3,5/4 x 100= 87.5%	2,5/4 x 100 = 62.5%	N/S (0%)
Enterobacter cloacae	1.5/4x100= 37.5%	1.5/4 x 100=37.5%	N/S(0%)
Pseudomonas cepacia	1.75/4x100= 44.0%	1.5/4 x 100=37.5%	1.5/4 x 100=37.5%
Bacillus fi rm us	N/S (0%)	1,7/4 x 100= 42.5%	1.7/4 x 100= 42.5%
Controlo	N/S (0%)	1.5/4 x 100=37.5	N/S(0%)
		Querosene	
Pseudomonas aeruginosa	2,7/4 x 100=67.5%	0.3/4 x 100=75%	1.7/4x100=42.5%

Enterobacter cloacae	3/4 x 100=75%	N/S(0%)	2/4 x 100=50%
Pseudomonas cepacia	3.5/4 x 100=87.5%	N/S (0%)	2.5/4x100=62.5%
Bacillus firmus	2/4x100= 50%	1.7/4 x 100=42.5	N/S (0%)
Controlo	N/S 10%)	N/S 10%)	N/S 10%)

Os valores inferiores a 0,2/4 foram considerados não significativos (N/S), tendo sido atribuída uma percentagem de zero (0%)

4.20 **Perfis de cromatografia gasosa (GC) (figura 6-8)**

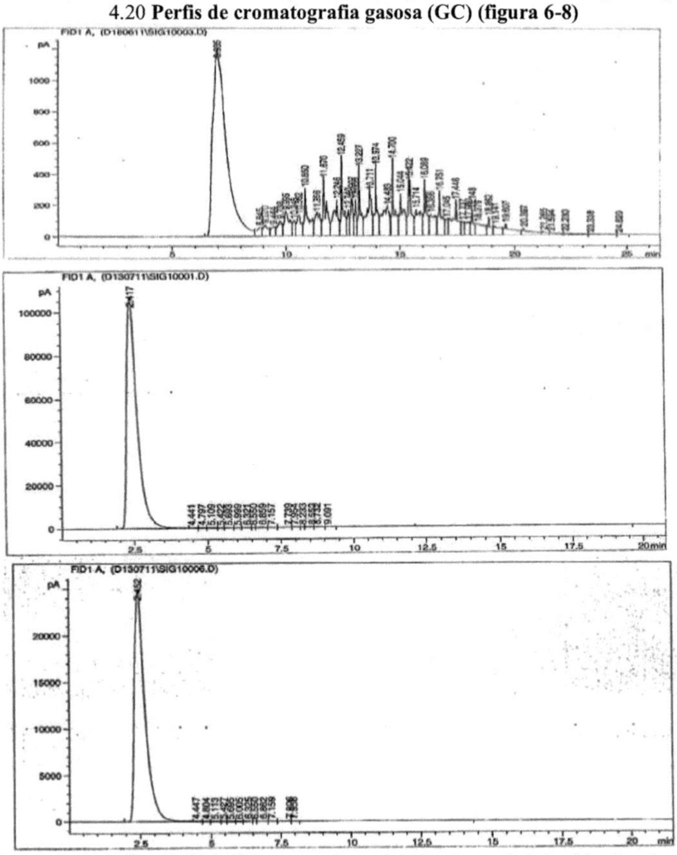

Figura 6. Degradação do gasóleo. Perfil de GC comparando o padrão (topo), consórcio (meio) e *Pseudomonas cepacia* (fundo) com soja adicionada após um período de 14 dias e um período de armazenamento de um mês.

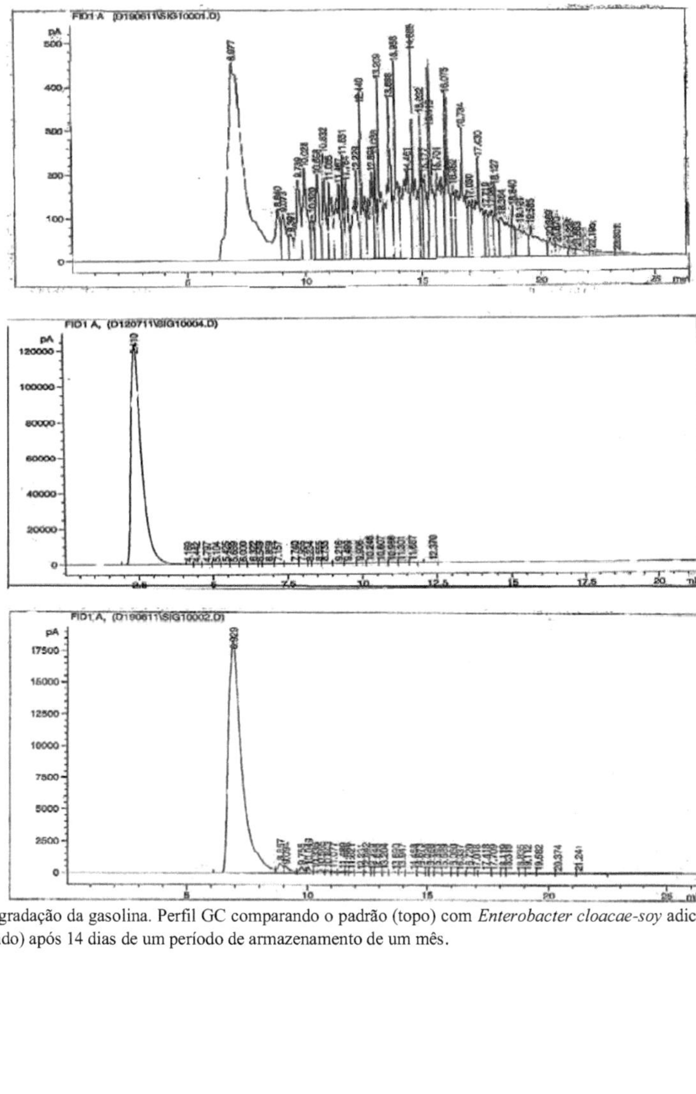

Figura 7. Degradação da gasolina. Perfil GC comparando o padrão (topo) com *Enterobacter cloacae-soy* adicionado (meio) e controlo (fundo) após 14 dias de um período de armazenamento de um mês.

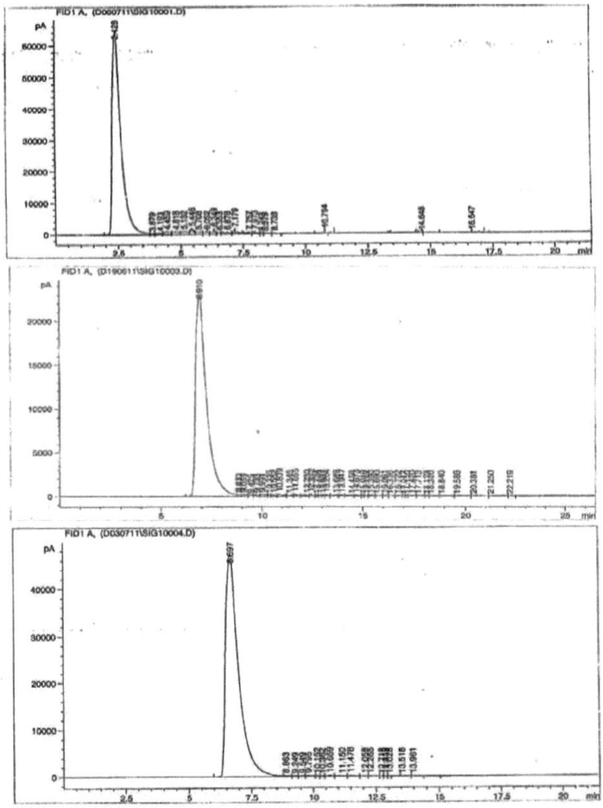

Figura 8. Degradação do querosene: Perfil de GC comparando o padrão (topo), com o controlo (meio) e *Enterobacter cloacae* (fundo) com soja adicionada após um período de 14 dias e um período de armazenamento de um mês.

A partir dos perfis de cromatografia gasosa (GC) dos óleos residuais deixados no final do período de 14 dias, as reduções nas percentagens de área de todos os substratos e seus componentes mostraram um efeito marcado dos isolados na utilização dos substratos de hidrocarbonetos.

A partir dos perfis de GC, o crescimento *de Pseudomonas, Enterobacter, Bacillus e Proteus*, bem como a cultura mista (consórcio) em vários substratos, resultou num desaparecimento substancial da fração dentro dos substratos de hidrocarbonetos, como se mostra (Figura 6-8). As bactérias Gram-negativas (*Pseudomonas, Enterobacter* e *Proteus*) apresentaram uma eficiência de degradação do petróleo relativamente mais elevada em comparação com *Bacillus firmus* (a única bactéria Gram-positiva) e o controlo.

Na degradação do gasóleo, *a Pseudomonas cepacia* (adicionada de soja) e o consórcio (sem adição de nutrientes) atingiram o mesmo nível de remoção de substrato de 99,8% de eficiência, como se pode ver na Tabela 19 abaixo.

A degradação da gasolina revelou que *Enterobacter cloacae* (soja adicionada) e o consórcio microbiano (*Bacillus firmus, Enterobacter cloacae, Pseudomonas aeruginosa, Proteus mirabilis*) com soja exibiram o maior potencial de degradação (99,9% e 99,6%, respetivamente), seguidos por *Bacillus firmus* (97,2%).

Na degradação do querosene, *Enterobacter cloacae* exibiu a eficiência de degradação mais elevada de 96% (sob tratamento de soja) durante um período de 14 dias, que é um pouco superior à eficiência de degradação do consórcio microbiano (95,6%). As diferenças na eficiência dos isolados são muito próximas, como se pode ver na Tabela 20. Relativamente, o menos bem sucedido foi a tentativa de utilizar querosene com *Bacilli* (soja adicionada), que é 83,3%.

4.21 Eficiências de degradação dos isolados de bactérias (Tabela 18-20)

Tabela 18. Comparação das eficiências de degradação da gasolina (%) dos isolados bacterianos.

Tratamento	Microorganismos					Abiótico
Gasolina substratos	*Bacilo Ji rm us*	*Enterobacte r cloacae*	*Pseudomonas aeruginosa*	*Proteus mirabilis*	**Consórcio** *(Bacillus Jinn us, Enterobacter cloacae. Pseudomonas aeruginosa, Proteus mirabilis)*	**Controlo 49.0%**
Bruto		**98.0%**	**97.9%**	**97.7%**	**98.0%**	
Pito	**98.7%**	**97.5%**	**99.2%**	**98.5%**	**993%**	
Soja	**98.4%**	**99.6%**	**99.6%**	**99.4%**	**99.8%**	

Tabela 19. Comparação das eficiências de degradação do gasóleo (%) dos isolados bacterianos.

Tratamento	Microorganismos					**Abiótico**
Gasóleo substratos	*Bacilo Ji rm us*	*interohictcr cloacae*	*Pseudomonas aeruginosa*	*Pseudomonas cepacia*	Consórcio *(Bacillus firmus, Enterobacter cloacae, Pseudomonas aeruginosa, Proteus mirabilis)*	Controlo
Bruto	**98.9*/.**	**99.2%**	**98.4%**	**97.7%**	**99.8%**	
Pito	**98.8%**	**97.6%**	**91.6%**	-	**99.2%**	
Soja	**99.1%**	**99.6%**	**99.5%**	**99.8%**	**99.5%**	

não disponível (o tratamento tinha sido derramado na causa do período de 14 dias).

Tabela 20. Comparação das eficiências de degradação do querosene (%) dos isolados bacterianos.

Tratamento	**Microorganismos**					**Abiótico**
Substratos diesel	***Bacilo Jirmus***	***ini croque ter cloacae***	***Pseudomonas aeruginosa***	***Pseudomonas cepacia***	**Consórcio** *(Bacillus firmus, Enterobacter cloacae, Pseudomonas aeruginosa Proteus mirabilis)*	**Controlo 12%**
Bruto	91.0%	95.2%	95.0%	86.0%	95.6%	
Pito	95.1%	92.5%	90.0%	92.8	86.78%	
Soja	83.1%	96.0%	95.15%	92.1%	88.1%	

Capítulo 5

5.1 **DISCUSSÃO**

5.1 **Enumeração e identificação microbiana**

Há uma miríade de microrganismos que se desenvolvem em instalações e locais com derrames de hidrocarbonetos, conforme indicado na Tabela 3 e confirmado nas Tabelas 4 e 5. Os resultados das contagens de ufc/g demonstram que as populações bacterianas obtidas (Tabela 3) eram relativamente elevadas em comparação com o valor mínimo de 10^5 que tinha sido prescrito por Forsyth *et al.*, (1995). Na nossa opinião, estas observações correspondem à afirmação de que estes isolados bacterianos se multiplicam a uma taxa exponencial e metabolizam os substratos de hidrocarbonetos, reduzindo os níveis drasticamente, daí o resultado do que foi observado nas Tabelas 18-20.

Para confirmar a identidade bioquímica dos microrganismos acima referidos, os sistemas de kits de teste API (API CH 50 e API 20 E) classificam os microrganismos em Gram-positivos e Gram-negativos. As espécies de bactérias identificadas nas lamas de teste foram *Bacillus firmus* (Gram-positivo), *Pseudomonas aeruginosa, Pseudomonas cepacia, Enterobacter cloacae* e *Proteus mirabilis*, todas Gram-negativas. A identificação das espécies foi relatada por investigadores que efectuaram trabalhos semelhantes. Dez dos isolados foram considerados Gram-negativos, enquanto cinco eram Gram-positivos. Das dez espécies, *Pseudomonas aeruginosa, Pseudomonas cepacia, Enterobacter cloacae* e *Proteus mirabilis* eram os membros. Enquanto as restantes cinco pertenciam principalmente a uma espécie, Bacillus *firmus*. O predomínio (mais comum) de bactérias Gram-negativas, especialmente *Pseudomonas*, nos locais não surpreende, uma vez que foi documentado por vários investigadores e que as bactérias Gram-positivas, quando encontradas num ambiente de derrame de petróleo, raramente são dominantes (Rahman *et al.*, 2002; Oboh *et al.*, 2006). Isto pode ser atribuído ao facto de estas bactérias terem um invólucro celular mais forte e serem mais tolerantes a níveis elevados de hidrocarbonetos devido aos seus esporos resistentes do que as bactérias Gram positivas (Zheng e Obbard, 2002; Ramos *et al.*, 2002).

5.2 **Teste de flutuação**

Dos resultados dos testes obtidos (Tabela 16), apenas *Enterobacter cloacae* foi capaz de flutuar na mistura de hidrocarbonetos sob vários tratamentos; exibindo a resposta quimiostática e aerotáxica de acordo com o que foi afirmado por Rosenberg e Ron (1996). *Os bacilos* foram encontrados predominantemente em suspensão na mistura de hidrocarbonetos. *Pseudomonas sp.*, no entanto, mostrou uma resposta variável na sua capacidade de flutuar ou suspender e, assim, cresceu como uma massa de células entre o óleo e a interface aquosa nos tubos de ensaio. Curiosamente, os isolados capazes de flutuar eram *Enterobacter* e *Pseudomonas*, ambos Gram-negativos, ao passo que os que se encontravam em suspensão eram Gram positivos, contrariamente às conclusões de Ta-Chen *et al.* (2005). Não é claro se o estado Gram de um micróbio tem influência na sua capacidade de flutuar. No entanto, parece que os microrganismos migram em direção ao local onde obteriam alimento e/ou condições ambientais favoráveis. Em princípio, as células com densidades mais baixas flutuam em comparação com as que têm densidades mais elevadas. Outra razão possível poderia ser o facto de *Enterobacter e Pseudomonas* segregarem um bioemulsionante chamado biofilme extracelular polimérico, ou seja, endopolissacarídeos (EPs) que permitem que as células flutuem. Por natureza, sabe-se que os biofilmes de EPs facilitam o contacto entre as células e os substratos oleosos, ou seja, as células próximas aderem umas às outras formando floculados que lhes permitem flutuar facilmente. (Wolfaardt *et al.*, 1998; Fusconi e Godinho, 2002; Ta-Chen *et al.*, 2005). Os EPs permitem que as células se colem umas às outras, formando floculados que lhes permitem flutuar facilmente. Talvez não seja surpreendente que *Enterobacter* e *Pseudomonas* sp. tenham sido capazes de utilizar o substrato de óleo, que se encontrava maioritariamente no topo da BMSM, do que *Bacillus firmus*, que se encontrava predominantemente em suspensão.

5.3 **Análise dos valores de DO (600 nm) e pH.**

Os valores de pH e de DO para o tratamento ao longo dos 14 dias de investigação revelaram que os principais degradadores, o consórcio e *a Enterobacter*, registaram valores óptimos de pH e de DO que se situavam num intervalo de 8,0-5,0 e 0,5-0,9, respetivamente, necessários para uma bioremediação eficaz (Atlas 1981; Song e Bartha 1990, Nilanjana e Preethy, 2011). A maioria das bactérias heterotróficas desenvolve-se num pH próximo. As excepções a esta situação foram ligeiras variações nos valores de pH e de DO ao longo de determinados episódios de tratamentos (controlo abiótico). Por conseguinte, o pH e a densidade ótica das culturas microbianas não constituíram factores limitantes neste estudo, uma vez que todos os isolados bacterianos se mostraram capazes de crescer (aumento da DO 600 nm), baixando assim o pH do meio em que cresciam. A utilização dos substratos de hidrocarbonetos (gasolina, gasóleo e querosene) pelos isolados foi evidente pelo aumento da densidade ótica celular da cultura. Os resultados mostraram um aumento máximo dos valores de DO com a descida dos valores de pH em todos os resultados (Quadros 7-15), exceto no caso do controlo, que registou descidas marginais. Os valores de pH e de DO para os tratamentos que foram suplementados com nutrientes (resíduos de soja e pito) foram aumentados como resultado dos nutrientes que foram fornecidos, o que lhes permitiu crescer e utilizar rapidamente os substratos de carbono com uma produção resultante de ácidos orgânicos e outros metabolitos que baixaram o pH do meio (Quadros 7-15) (Nwachukwu e Ugoji, 1995; Okpokwasilis e James, 1995).

5.4 **Índices de emulsificação (E_{24})**

A incorporação de diferentes extractos de culturas de hidrocarbonetos (gasolina, gasóleo e querosene) mostrou uma emulsão apreciável após 24 horas, exceto nos tubos não inoculados. Os tubos que não foram alterados com nutrientes e alguns isolados também não mostraram qualquer sinal de emulsificação. Foram alcançadas percentagens variáveis de índices (E_{24}) por vários isolados, mas *Enterobacter cloacae* apresentou os índices E_{24} mais elevados de 75% e 62,5% com a adição de resíduos de soja e pito, respetivamente, para a gasolina.

Os índices E_{24} foram de 87,5% e 62,5% para a *Pseudomonas aeruginosa* com gasóleo sob pito e alteração de resíduos de soja, respetivamente. Os índices (E_{24}) dos isolados em MSM com querosene como fonte de carbono foram de 87,5% para *Pseudomonas cepacia* (com adição de pito), 75% para *Enterobacter cloacae* e *Pseudomonas aeruginosa* com adição de pito e soja, respetivamente.

Os índices de emulsificação ou a estabilidade das emulsões foram elevados e não revelaram padrões de relação, exceto no que diz respeito à influência do meio a partir do qual os isolados cresceram, ou seja, se foi alterado com nutrientes ou não. Os isolados que foram cultivados com suplementos de pito e soja produziram tensioactivos e parece que os nutrientes influenciaram os índices (E_{24}) a níveis apreciáveis, aumentando assim as actividades tensioactivas dos isolados, como se mostra no Quadro 17. Este resultado é semelhante a um estudo realizado por Monteiro *et al.*, (2006) que registou um índice de emulsificação de 70% após 30 dias de incubação de *Psuedomonas aeruginosa* que produziu emulsões que eram estáveis e podiam ser utilizadas no controlo da contaminação ambiental Monteiro *et al.*, (2006).

5.5 **Análise da degradação de hidrocarbonetos / análise GC**

Os perfis de cromatografia gasosa dos hidrocarbonetos inoculados e não inoculados no final do período de degradação revelaram uma redução na área percentual dos hidrocarbonetos inoculados em comparação com os não inoculados. A incidência de picos desaparecidos (valores de área percentual) pode dever-se ao facto de os isolados terem tido um amplo fornecimento das suas fontes de energia e nutrientes necessários, resultando na redução do contaminante. As experiências mostraram um potencial de degradação de hidrocarbonetos dos isolados semelhante ao que foi feito por Bento *et al.*, (2005) que a biodegradação de hidrocarbonetos de petróleo depende da população microbiana específica presente. Todos os três hidrocarbonetos foram degradados por micróbios a uma taxa relativamente mais rápida, em comparação com Adebusoye *et al.*, (2006), e Attia *et al.*, (2009). Estes resultados indicam que a biodegradação de hidrocarbonetos pode prosseguir na presença destes micróbios.

Neste estudo, todos os isolados mostraram a capacidade de degradar substratos de hidrocarbonetos em graus variáveis, tendo a maioria deles uma eficiência superior a 90%. Vale a pena notar que os números sugerem que *Pseudomonas* e *Enterobacter* estavam a par no que diz respeito à sua eficiência na degradação de hidrocarbonetos. A taxa de degradação e/ou perda dos substratos nos meios foi relativamente rápida, quase 100%, como mostram os quadros 18-20 acima.

Dos Quadros 18-20, a eficiência óptima de degradação foi a da gasolina, alcançada por *Enterobacter cloacae* (99,66%), enquanto a cultura mista e outros isolados alcançaram uma taxa bastante próxima da eficiência de degradação de *Enterobacter* durante o mesmo período de tempo. Todos os isolados mostraram elevados graus de degradação sob suplementação de nutrientes, o que foi notável, mas os Gram-positivos foram relativamente consistentes na sua eficiência em todos os meios de cultura suplementados com gasolina, gasóleo e querosene. Estas bactérias têm um invólucro celular mais forte e são mais tolerantes a níveis elevados de hidrocarbonetos, devido aos seus esporos resistentes, do que as bactérias Gram negativas, o que lhes permite prosperar num ambiente contaminado por hidrocarbonetos altamente variável (Zheng e Obbard, 2002).

A observação de que a gasolina e o gasóleo eram os compostos de hidrocarbonetos mais degradados indicava que estes eram provavelmente os substratos mais preferidos pelos consórcios microbianos e pelo(s) micróbio(s) individual(ais) que efectuavam o processo metabólico (Figuras 3-5). Com a adição de nutrientes (agro-resíduos), ou seja, resíduos de soja e de pito, a sua capacidade metabólica foi melhorada, mas o padrão de relação não foi muito claro, uma vez que alguns dos tratamentos indicaram que a adição de resíduos de pito não foi melhor. Também houve alguns episódios em que os tratamentos que não foram suplementados com nutrientes se saíram melhor do que os suplementados com nutrientes (Tabela 18-20).

Em geral, a adição de pito e resíduos de soja como fontes de nutrientes teve um impacto significativo nas capacidades de degradação dos isolados. A combinação de resíduos de soja e consórcio alcançou a maior eficiência de degradação de 99,8% para o substrato de gasolina, seguida de perto por *Enterobacter cloacae* e *Pseudomonas aeruginosa*, ambas com 99,6%, *Proteus mirabilis* 99,4% e *Bacillus firmus* 98,4%.

Para a degradação do diesel, o consórcio microbiano alcançou a maior eficiência de degradação de 99,8% (sem adição de nutrientes), valor alcançado por *Pseudomonas cepacia* com a adição de resíduo de soja (Tabela 19).

Para o perfil de degradação do querosene, uma combinação de soja e *Enterobacter cloacae* deu a maior eficiência de degradação de 96,0%, seguida pelo consórcio (sem adição de nutrientes), *Enterobacter cloacae* (sem adição de nutrientes) e *Pseudomonas aeruginosa* (com adição de soja).

Os resultados na Tabela 18-20 também revelaram que os consórcios não atingiram o nível mais elevado de degradação para a gasolina, o gasóleo e o querosene. Em todos os casos, a degradação foi consistente com o que foi relatado por Ausma *et al.*, (2002) e isto pode ser atribuído à suposição de que os diferentes microrganismos podem ter actuado de forma antagónica, tal como relatado por Okpokwasili e James (1995) e também à competição por nutrientes ou a alterações desfavoráveis no pH. Relativamente o menos bem sucedido foi o episódio em que o consórcio (soja adicionada) utilizou menos quantidade de querosene (Tabela 20); isto também poderia ser atribuído à razão acima mencionada.

Recapitulando e resumindo os resultados acima, o resíduo de soja estimulou melhor as capacidades de degradação de hidrocarbonetos de todos os isolados. A utilização de culturas puras neste estudo, juntamente com a cultura mista (*Bacillus firmus, Enterobacter, Pseudomonas* sp. e *Proteus mirabilis*), proporciona vantagens práticas ao eliminar a ambiguidade associada aos tratamentos. *A* partir do estudo, foi evidente que *Enterobacter cloacae* e o consórcio foram mais eficazes na utilização das substâncias. Muita literatura afirma que, num sistema de cultura mista, o crescimento do organismo não pode ser regulado devido ao stress de nutrientes e à competição (Okpokwasilli e James 1995). Esta pode ser uma das muitas razões possíveis pelas quais, em alguns dos tratamentos, a cultura única tendeu a ser superior ao consórcio no que respeita aos seus perfis de degradação e mineralização. A partir da investigação, parece que a cultura pura, sozinha ou numa cultura mista, pode utilizar a maior parte das substâncias combustíveis de hidrocarbonetos, tal como expresso provisoriamente por Venkateswaran *et al.* (1995).

Embora as culturas mistas não tenham proporcionado a maior proporção de eficiência de degradação em todos os tratamentos, a evidência da cooperação de culturas mistas no tratamento da contaminação por hidrocarbonetos continua a ser relevante, tal como foi referido noutro local por Bounchan *et al.*, (2000). Além disso, as perdas abióticas devidas à evaporação de hidrocarbonetos de baixo peso molecular (compostos aromáticos nos substratos) e à fotooxidação podem ter desempenhado um papel importante na redução dos níveis dos óleos no suporte dos meios de cultura, como foi documentado por Mills *et al.*, (2003).

A sobrevivência de microrganismos em meios de hidrocarbonetos de petróleo durante o período de degradação foi um fator chave na taxa de biodegradação de hidrocarbonetos em substratos Ramos *et al.*, (1991). Uma vez que todas as bactérias do presente estudo foram isoladas de lamas petrolíferas, sobreviveram e adoptaram facilmente os substratos petrolíferos, tal como relatado por Sugiura *et al.*, (1997). Isto foi evidente a partir do aumento significativo dos valores de DO $_{(600\ nm)}$ viz-a-viz um declínio nos valores de pH, teste de flutuação, e índices $_{E24}$ em todas as culturas em comparação com o controlo. A suplementação de resíduos de soja e pito teve impacto na eficiência da degradação em comparação com o controlo (sem adição de micróbios).

CONCLUSÃO

Os resultados deste trabalho empírico afirmam a crescente consciencialização de que a bioremediação como meio de lidar com derrames ou contaminação de petróleo é real e praticável. Os micróbios identificados e utilizados neste estudo dividem-se em dois grupos, principalmente Gram-positivos (*Bacillus firmus*) e Gram-negativos (*Enterobacter cloacae*, *Pseudomonas aeruginosa*, *Pseudomonas cepacia* e *Proteus mirabilis*). Registaram-se diferenças estatísticas ($p>0,05$) entre a carga microbiana relativamente a todas as lamas de hidrocarbonetos. A população bacteriana variou entre um valor mais elevado de 9,26 ufc/g ($\log_{10}$) e um valor baixo de 6,9 ufc/g ($\log_{10}$) para *Enterobacter cloacae* (W3) e *Bacilli* (E1), respetivamente. Considerou-se que as antigas instalações de armazenamento de petróleo têm uma maior proporção de micróbios do que as novas instalações de armazenamento de petróleo, tal como se reflecte em Kaase (W3) e Tafo (E1), respetivamente.

O relatório da área percentual de GC indica que as cinco espécies mostraram uma degradação notável dos produtos petrolíferos utilizados e, mais ainda, que os nutrientes que foram adicionados melhoraram a biodegradação. O estudo não permitiu chegar a um consenso sobre a melhor forma de otimizar a adição de nutrientes, uma vez que, em alguns episódios, a ausência de nutrientes teve melhores resultados. O crescimento e a sobrevivência dos micróbios foi uma indicação de que, onde quer que ocorra um derrame de petróleo, os micróbios nativos do ambiente desenvolveram capacidades metabólicas para poderem utilizar os substratos de hidrocarbonetos. Os micróbios movem-se no meio, flutuando ou suspendendo-se no meio enquanto utilizam o contaminante. Utilizam os poluentes através da secreção de bioemulsões que facilitam a dissolução dos hidrocarbonetos. Algumas bactérias são móveis e apresentam uma resposta quimiotáctica, ou seja, sentem o contaminante e dirigem-se para ele.

Recomendações:

Os processos de biorremediação são intrigantes e existem muitas oportunidades para elucidar melhor a aplicação dos nossos isolados bacterianos à escala industrial. A caraterização da nutrição e do oxigénio das bactérias, o pH, entre outros, não são totalmente compreendidos, uma vez que o padrão de parentesco parece, de certa forma, desafiar a nossa compreensão.

- Deveria haver uma amostragem periódica das massas de água e da água da torneira nas zonas industriais para garantir que não existem xenobióticos na água consumida pelas pessoas que vivem perto dessas zonas.
- As colecções de culturas destes micróbios com potencial para metabolizar o petróleo devem ser recolhidas por instituições de investigação, universidades e agências governamentais no Gana, uma vez que os derrames são inevitáveis.
- Em estudos futuros, os esforços devem ser dirigidos para os factores que afectam a capacidade e eficiência da degradação de hidrocarbonetos de petróleo, tais como o tipo de nutrientes, as suas concentrações, o teor de oxigénio, entre outros, através do controlo e otimização do processo.
- Deveria haver mais colaboração entre universidades, empresas, organizações não governamentais (ONG) e agências governamentais para garantir que os resultados da investigação se tornem mais significativos para o desenvolvimento do país.

REFERÊNCIAS

Abdulsalam S, Bugaje IM, Adefila SS, Ibrahim S. 2011. Comparação de bioestimulação e bioaumentação para remediação de solo contaminado com óleo de motor usado. *Int. J. Environ. Sci. Tech.*, **8:** 187-194.

Adebusoye SA, Ilori MO, Amund OO, Teniola OD, Olatope SO. 2006. Degradação microbiana de hidrocarbonetos de petróleo num curso de água tropical poluído. *World J. Microbiol Biotechnol* **23**: 1149-1159.

Aichberger H, Hasinger M, Braun R, Loibner AP. 2005. Potencial de métodos de ensaio preliminares para prever o desempenho da biodegradação de hidrocarbonetos de petróleo no solo. *Biodegr.* **16**(1): 115-125.

Akiner S, e Aldis A. 2004. The Caspian Politics, Energy, Security. Routledge Curzon (UK), 2, 405.

Alagappan G, e Cowan R. 2003. Cinética de inibição de substrato para culturas puras que degradam tolueno e benzeno e um método para recolha e análise de dados respirométricos para culturas fortemente inibidas. *Biotechnol. Bioeng.* **83**: 798-809.

Alloway BJ, e Ayres DC. 1993. Organic Pollutants in Chemical Principles of Environmental Pollution. 1ª edição.201 Chapman and Hall, Índia.

Alvarez PJJ, e Illman WA. 2006. Bioremediação e atenuação natural: Process fundamentals and mathematical models. Wiley, Hoboken, NJ

Amann Rudolf I, Wolfgang Ludwig, e Karl-Heinz Schleifer. 1995. Identificação filogénica e deteção *in situ* de células microbianas individuais sem cultivo. *Microbiological Reviews* **59**:143-169.

Amer RM, Mahmoud Nasier e Ehab El-Helow R. 2008. Biodegradação de hidrocarbonetos aromáticos monocíclicos por uma estirpe *de Pseudomonas* recentemente isolada. *Biotecnologia,* 7: 630 -640.

Amunwa B. 2006. Centro para o Ambiente, Direitos Humanos e Desenvolvimento, (CEHRD) relatório 1-6.

Annadurai G, Balan MS, Murugesan T. 2000. Conceção de experiências na biodegradação de fenol utilizando *Pseudomonas pictorium* (NICM-2077) imobilizada em carvão ativado. *Bioproc. Eng.* **22**: 101-107.

Arvanitis N, Katsifas EA, Chalkou KI, Meintanis C, Karagouni AD. 2008. Um local de deposição de lamas de refinaria: presença de genes nahH e alkJ e capacidade de biodegradação de petróleo bruto de isolados bacterianos. *Biotechnol Lett* (**30**): 2105-2110.

Atangana HI. 2008. Biorremediação de composto de solo contaminado com hidrocarbonetos inoculado com adubo orgânico. *Jornal Africano de Biotecnologia* **7**(10), 1516-1526.

Atlas RM, e Bartha R. 1993. Microbial Ecology, Fundamentals and Applications. The Benjamin /Cummings Publishing Company, Inc., São Francisco, Califórnia.

Atlas RM, e Philp J. 2005. Bioremediation: applied microbial solutions for real-world environmental cleanup. ASM Press, Washington, D.C. Pp. 1-292.

Atlas RM, Bartha R. 1998. Em Ecologia Microbiana: Fundamentals and applications. 4ª Edição. Benjamin e Cummings Science publishing, Califórnia.

Atlas RM. 1981. Degradação microbiana de hidrocarbonetos de petróleo: uma perspetiva ambiental. *Microbiol. Rev.* **45**: 180-209.

Attia R, Nazia J, Nighat N e Shahida H. 2010. Bactérias de zonas urbanas e montanhosas contaminadas como fonte de produção de polihidroxialcanoatos. *Jornal Africano de Biotecnologia* **9**(13), 1919-1925.

Ausma S, Edwards GC, Fitzgerald-Hubble CR, Halfpenny-Mitchell L, Gillespie TJ, Mortimer WP. 2002. Volatile hydrocarbon emissions from a diesel fuel contaminated soil bioremediation facility. *Air Waste Manage. Assoc.* **52**: 769780.

Banat IM, Makkar SR, e Cameotra SS. 2000. Potencial aplicação comercial de surfactantes microbianos. *Appl. Microbial. Biotechnol* **53**: 495-508.

Barathi S, e Vasuden N. 2001. Utilização de hidrocarbonetos de petróleo por *Pseudomonas flourescens* isolada de um solo contaminado com petróleo. *Environ Int.* **25**(5-6): 413-6.

Bell KS, Philip JC, An DWJ, e Christofic N. 1998. O género *Rhodococcus*. *J. Appl. Microbiol.*, **85**: 195-210.

Bento FM, Flavio AO, Camargo, Okeke BC, Frankenberger WT. 2005. Comparative bioremediation of soils contaminated with diesel oil by natural attenuation, biostimulation and bioaugmentation, Bioresource Technology, **96**, 10491055.

Berg G, Seech AG, Lee H, e Trevors JT. 1990. Identificação e caraterização de uma bactéria do solo com atividade emulsionante extracelular. *J. Environ. Sci.* Health 25, 753D764. *Biol. Biochem.* **23**(7):971-976.

Bossert I, e Bartha R. 1984. O destino do petróleo no ecossistema do solo. Em microbiologia do petróleo (ed. RM Atlas). Macmillan Publishing Co., Nova Iorque.435- 475.

Bounchan S, Britz ML, Stanley GA. 2000. Degradação e mineralização de hidrocarbonetos aromáticos policíclicos de elevado peso molecular por co-culturas definidas de fungos e bactérias, *Appl. Environ.Microbiol*, **66**: 1007-1019.

Braddock JF, Ruth ML e Catterall PH. 1997. Reforço e inibição da atividade microbiana em solos árcticos contaminados com hidrocarbonetos: Implications for nutrient- amended bioremediation, *Environmental Science and Technology*, **31**, 2078.

Bundy JG, Paton GI, e Campbell CD. 2004. Nível combinado da comunidade microbiana e respostas de biossensores de uma única espécie para monitorizar a recuperação de solos poluídos com petróleo. *Soil Biology & Biochemistry*, **36**, 1149-1159.

Burback BL, e Perry JJ. 1993. Biodegradação e biotransformação de misturas de poluentes de águas subterrâneas por *Mycobacterium vaccae. Appl. Environ. Microbiol*, **59**: 1025-1029.

Caravaca F, e Roldan A. 2003. Avaliação das alterações das propriedades físicas e biológicas de um solo contaminado por lamas de petróleo em condições mediterrânicas semi-áridas. *Geoderma* (**117**):1-2, 53-61.

Carvalho C, e Fonseca MR. 2005. Degradação de hidrocarbonetos e álcoois a diferentes temperaturas e salinidades por *Rhodococcus erythropolis* DCL14. *FEMS Microbiology Ecology*; **51**:389-399.

Christofi N, e Ivshina IB. 2002. Microbial surfactants and their use in field studies of soil remediation: a review. *J. Appl. Microbiol.* **93**: 915-929.

Cybulski Z, Dziurla E, Kaczorek E, e Olszanowski A. 2003. The Influence of Emulsifiers on Hydrocarbon Biodegradation by *Pseudomonadacea* and *Bacillacea Strains. Boletim de Ciência e Tecnologia de Derrames*; **8**:503-507.

Das K, e Mukherjee AK. 2007. Eficiência de biodegradação de óleo de petróleo bruto de estirpes de *Bacillus subtilis* e *Pseudomonas aeruginosa* isoladas de um solo contaminado com óleo de petróleo do Nordeste da Índia. *Bioresour Technol* **98**:1339-45.

Desai JD, e Banat IM. 1997. Produção microbiana de surfactantes e seu potencial comercial. *Microbiol. Mol. Biol.* Rev. **61**: 47-64.

Forsyth JV, Tsao YH, Bleam RD. 1995. Bioremediação: Quando é que a bioremediação é necessária?, 1-14. Em R.E Hinchee, J. Fredrickson e B.C. Alleman (Ed.) Bioremediation for site remediation. Battelle Press, Columbus, Ohio, EUA.

Frantz B, Chakrabarty AM. 1986. Plasmídeos degradativos em *Pseudomonas aeruginosa.* In: The Bacteria. Sokatch JR e Ornston LN (editores), Academic Press, Nova Iorque, EUA, 10: 295

Fusconi R, e Godhinho MJL. 2002. Triagem de bactérias produtoras de expolissacarídeos em águas subterrâneas subtropicais poluídas. *Braz. J Biol.*, **62**, 363369.

Gallego JR, Loredo J, Llamas JF, Vazquez F, Sanchez J. 2001. Bioremediação de solos contaminados com gasóleo: Avaliação de potenciais técnicas in situ através do estudo da degradação bacteriana. *Biodegradação* **12**, 325-335.

Goldman, e Gordon 2006, www.worldintellectualpropertyorganisation. Composição química para a liquefação e dissolução de lamas de asfalteno e parafina em óleos brutos de petróleo. ÂMBITO DAS PATENTES 1. (WO2006012622)

Haimi J. 2000. Animais decompositores e biorremediação de solos. Environmental Pollution.**107**:233-238.

Hamdi H, Benzarh S, Manusodzianas L, Aoyama I, Jedidi N. 2007. Efeito da bioaumentação e da bioestimulação na dissipação de PAH e na ecotoxicidade do solo em condições controladas. *Soil Biology and Biochemistry*, (**39**) 8: 1926-1935.

Harayama S, Kok M, e Neidle EL. 1992. Functional and evolutionary relationships among diverse oxygenases. Annu Rev *Microbiol* **46**:565-601.

Henry JA. 1998. Composição e toxicidade dos produtos petrolíferos e seus aditivos. Human & Experimental Toxicology; **17**(2):111 123.

http://www.britannica.com/EBchecked/topic/454269/petroleum.Encyclopedia Britannica.
Hyne NJ. 2001. Non-technical Guide to Petroleum Geology, Exploration, Drilling, and Production (Guia Não Técnico de Geologia, Exploração, Perfuração e Produção de Petróleo). Penn Well Corporation. 1-4.
Igwo-Ezikpe MN, Gbenle OG, Ilori MO, Okpuzor J, e Osuntoki AA. 2010. Biodegradação de uma mistura de hidrocarbonetos aromáticos policíclicos de elevado peso molecular por bactérias tropicais e via co-metabolismo com fenantreno. *Res. J. Environ. Sciences,* **4**: 317-326.
Khan RA, e Ryan P. 1991. Long Term Effects of Crude Oil on Common Murres (Uriaaalge) Following Rehabilitation. *Bull. Environ. Contamin.Texicol*,**46**: 216-222.
Kim S, Choi DH, Sim DS, e Oh Y. 2005. Avaliação da eficácia da bioremediação em areias contaminadas com crude. Chemosphere; **59**:845-852.
Kumar Arun, Munjal Ashok, Sawhney Rajesh. 2011. Constituição de PAH de petróleo bruto, via de degradação e microflora de biorremediação associada: uma visão geral. *Revista Internacional de Ciências Ambientais* **1**, (7) 1420.
Kvenvolden KA, e Cooper CK. 2003. Natural seepage of crude oil into the marine environment. *Geo Marine Letters.* **23**(3):140 -146
Lambertson G. 2008. Xisto betuminoso: Pronto para desbloquear a rocha. Guia de Equipamentos de Construção.http://www.cegltd.com/story.asp?story=10092.
Lisovitskaya OV, e Mozharova NV. 2008. Contaminação por hidrocarbonetos da cobertura do solo sob o impacto de cargas tecnogénicas. Boletim de Ciência do Solo da Universidade de Moscovo, (**63**) 4: 4
Mabro R. 2006. Tecnologia e Engenharia. Organização dos Países Exportadores de Petróleo. Oil in the 21st century: issues, challenges and opportunities. Oxford University Press, - (UK) Pp 351.
Manilal VB, e Alexander M. 1991. Factores que afectam a degradação microbiana do fenantreno no solo Appl. *Biol* **35**(3): 401-405.
Margesin R, e Schinner F. 1997. Eficiência de microrganismos indígenas e inoculados adaptados ao frio para a biodegradação de óleo diesel em solos alpinos. *Appl. Environ. Microbial* **67**(7): 2660 - 2664.
Margesin R, e Schinner F. 1999. Um estudo de viabilidade para a remediação *in-situ* de um antigo parque de tanques. World J. Microbiol.Biotechnol.**15**: 615-622.
Margesin R, e Schinner F. 2001. Biorremediação (atenuação natural e bioestimulação) de solo contaminado com óleo diesel numa área de esqui glaciar alpino. *Appl. Environ. Microbiol.* **67**(7): 3127-3133.
Margesin R, Labbe D, Schinner F, Greer CW, e Whyte LG. 2003. Caracterização da população microbiana degradadora de hidrocarbonetos em solos alpinos contaminados e pristinos. *Appl Environ Microbiol* **69**, 3085-3092.
Marquez-Rocha FJ, Vanessa Hernandez-Rodriguez, Teresa Lamela MA. 2001. Biodegradação de óleo diesel no solo por um consórcio microbiano. *Poluição da água, do ar e do solo* (**128**): 313-320.
Mason JR, e Cammack R. 1992. As proteínas de transporte de electrões das dioxigenases bacterianas hidroxilantes. Annu Rev *Microbiol* **46**:277-305.
Mehrashi MR, Haghighi B, Shariat M, Naseri S, Naddafi K. 2003. Biodegradação de hidrocarbonetos de petróleo no solo. *Jornal Iraniano de Saúde Pública.* **32**(3): 2832.
Mills AM, Bonner SJ, McDonald JT, Page AC, e Autenrieth LR. 2003. Biorremediação intrínseca de uma zona húmida afetada pelo petróleo. *Marine Pollution Bulletin*; **46**:887-899.
Mishra S, Jyot J, Kuhad RC, Lal B. 2001. Avaliação da adição de inóculo para estimular a bioremediação *in situ* de solos contaminados com lamas oleosas. *Appl. Environ. Microbiol.* **67**(4): 1675-1681.
Montagnolli RN, Lopes PRM, Bidoia ED. 2009. Modelos aplicados de cinética de biodegradação de óleos lubrificantes e vegetais em águas residuais. *International Biodeterioration & Biodegradation*; **63**: 297-305.
Monteiro SA, Sassaki GL, Souza LM, Meira JA, Araujo JM, Munoz-Castellanos LN, Torres-Munoz JV, Keer-Rendon A, Manzanares-Papayanopoulos LI, Nevar GV. 2006. Biodegradação aeróbia do éter metil-terc-butílico (MTBE) por culturas bacterianas puras isoladas de solo contaminado. *World Journal of Microbiology & Biotechnology* (**22**): 851-855.
Mrozik A, e Piotrowska-Seget Z. (no prelo, 2009). Bioaugmentação como estratégia de

limpeza de solos contaminados com compostos aromáticos. *Microbio. Res*

Munoz-Castellanos LN, Torres-Munoz JV, Keer-Rendon A, Manzanares-Papayanopoulos LI, Nevarez-Moorillon GV. 2006. Biodegradação aeróbica de éter metiltert-butílico (MTBE) por culturas bacterianas puras isoladas de solo contaminado. *World Journal of Microbiology & Biotechnology* (**22**): 851-855.

Nair CI, Jayachandran K, e Shankar S. 2008. Biodegradação do fenol. *Jornal Africano de Biotecnologia* 7 (25): 4951-4958.

Bolsa de Valores de Nova Iorque (NYMEX).http://www.nymex.com/lsco_fut_descri.aspx.

Nilanjana Das e Preethy Chandran. 2011. Degradação microbiana de contaminantes de hidrocarbonetos de petróleo: uma visão geral. *BiotechnolRes Int*.doi:**10**.4061/2011/941810.

Nwanchukwu SU, e Ugoji EO. 1995. Impactos dos derrames de petróleo bruto nas comunidades microbianas de solos tropicais. *Intern J Ecol Environ Sci* (**21**): 169-176.

Obayori OS, Ilori MO, Adebusoye SA, Amund OO, Oyetibo GO. 2008. Alterações da população microbiana em solo agrícola tropical contaminado experimentalmente com petróleo bruto. *Jornal Africano de Biotecnologia*, **7** (24): 45124520.

Obire O e Nwaubeta O. 2001. Biodegradação de hidrocarbonetos de petróleo refinados no solo *J. Appl. Sci. Environ. Mgt.* **5** (1), 43-46.

Oboh BO, Ilori MO, Akinyemi JO, Adebusoye SA. 2006. Potenciais de degradação de hidrocarbonetos de bactérias isoladas de um depósito nigeriano de betume (alcatrão). *Natureza e Ciência*; **4**(3):51-57

Odokuma LO, e Dickson AA. 2003. Bioremediação de um solo de floresta tropical poluído com petróleo bruto. *Glob. J. Environ. Sci.* **2**: 29-40.

Okoh AI, e Trejo-Hernandez MR. 2006. Remediação de sistemas poluídos por hidrocarbonetos de petróleo: Explorando as estratégias de biorremediação. *Jornal Africano de Biotecnologia*. **5**(25). 2520-2525.

Okpokwasili GC, James WA. 1995. Contaminação microbiana de querosene, gasolina e petróleo bruto e seus potenciais de deterioração. Material u Organismen; **29**:147156.

Onosode GO. 2001. Oil pollution and environmental management issues arising. Discurso na I[a] Conferência Internacional sobre Poluição por Petróleo e Assembleia Nacional, Abuja, Nigéria.

Oteyza de TG, Grimalt JO, Lliros M, e Esteve I. (No prelo). Experiências em microcosmos de degradação de petróleo por tapetes microbianos. Artigo da Science of The Total Environment.

Parales EP, e Haddock DJ. 2004. Biocatalytic degradation of pollutants (degradação biocatalítica de poluentes). *Opinião atual em Biotecnologia*; **15**:374-379.

Pazos F, Guizas D, Valencia A, e De Lorenzo V. 2004. Meta Router: bioinformática para bioremediação *J. Nucleic Acids Res.*, **33**: 53-65.

Pornsunthorntawe O, Maksung S, Huayyai O, Rujiravanit R, Chavadej S. 2009. Produção de biossurfactante por *Pseudomonas aeruginosa* SP4 utilizando reactores descontínuos sequenciais: Efeitos da taxa de carga de óleo e do tempo de ciclo. *Bioresour. Technol.*, **100**: 812-818.

Prenafeta-Boldu FX, Richard S, e SybrendeHoog G. 2006. Fungos que crescem em hidrocarbonetos aromáticos: o encontro inesperado da biotecnologia com o risco biológico? *FEMS Microbiol* Rev **(30)**109-130.

Prince RC. 1997. Bioremediação de derrames de petróleo. Tendências. *Biotechnol*, **15**:158-160,

Rabus R, Kube M, Heider J, Beck A, Heitmann K, Widdel F e Reinhardt R. 2005. A sequência do genoma de uma bactéria desnitrificante anaeróbia degradadora de aromáticos, a estirpe EbN1. Arch. *Microbiol.* **183**:27-36.

Rahman PKSM, Thahira R, Perumalsamy L, Ibrahim MB. 2002. Ocorrência de bactérias degradadoras de petróleo bruto em solos de postos de gasolina e gasóleo, *Journal of Basic Microbiology*, 42(4): **284-291**.

Ramos JL, Duque E, Gallegos M-T, Godoy P, Ramos-Gonzalez MI, Rojas A, Teran W, Segura A. 2002. Mechanisms of solvent tolerance in Gram-negative bacteria (Mecanismos de tolerância a solventes em bactérias Gram-negativas). Annu Rev *Microbiol*, **56**:743-768.

Ramos JL, Duque E, Ramos-Gonzalez MI. 1991. Sobrevivência em solos de uma estirpe de *Pseudomonas putida* resistente a herbicidas com um plasmídeo TOL recombinante. *Appl. Environ. Microbiol.***57**, 260-266.

Rojo F. 2009. Degradação de alcanos por bactérias, *Environ. Microbiol.*, **11**, 24772490.
Ronald M, Atlas RM. 2011. *Environ Sci Technol.* **45**(16): 6709-6715.
Ron EZ e Rosenberg E. 2002. Biosurfactans and oil bioremediation. Current.Opin. *Biotechnol.* **13**, 249-252.
Rosenberg E, e Ron EZ. 1996. Bioremediação da contaminação por petróleo. Bioremediation: Principles and Applications, Cambridge University Press.
Rosenberg E, e Ron EZ. 1999. Surfactantes microbianos de alta e baixa massa molecular. *Appl Microbiol Biotechnol* **52**: 154-162.
Ruberto L, Vazquez SC, e MacCormack WP. 2003. Eficácia da flora bacteriana natural, bioestimulação e bioaumentação na biorremediação de um solo antártico contaminado com hidrocarbonetos. *Int'l. Biodeterioration & Biodegradation* **52**: 115-25.
Samanta SK, Singh OV, e Jain RK. 2002. Polycyclic aromatic hydrocarbons: environmental pollution and bioremediation (Hidrocarbonetos aromáticos policíclicos: poluição ambiental e biorremediação). *Trends Biotechnol* **20**:243-8.
Sheetal S. 2012. *Revista Internacional de Ciências Ambientais* (**2**):4, 24042423
Shell petroleum Development Company. 2002. Abordagem de gestão baseada no risco: Gereric CSM of Niger Delta Version 2. SPDC, Warri, pp: 3
Sikkema J, de Bont JAM, Poolman B. 1995. Mecanismos de toxicidade membranar dos hidrocarbonetos. *Microbiol.* Rev. **59**: 201-222.
Singh C, e Lin J. 2008. Isolamento e caraterização de microrganismos indígenas degradadores de óleo diesel em Kwazulu-Natal, África do Sul. *Jornal Africano de Biotecnologia* **7**(12), 1927-1932.
Song HG, e Bartha R. 1990. Effects of jet fuel spills on the microbial community of soil. *Appl. Enivron. Microbiol.* **56**, 646-651.
Speight JG. 1991. The Chemistry and Technology of Petroleum, Marcel Dekker, Nova Iorque. **314**, 506-510.
Speight JG. 1999. The Chemistry and Technology of Petroleum. Marcel Dekker, 215-216.
Sugiura K, Ishihara M, Shimauchi T, e Harayama S. 1997. Propriedades físico-químicas e biodegradabilidade do petróleo bruto. *Environ. Sci. Technol.*, **31**: 45-51.
Surridge AKJ. 2007. Caracterização por eletroforese em gel de gradiente desnaturante das comunidades microbianas em solos contaminados com hidrocarbonetos aromáticos policíclicos e bifenilos policlorados. Tese de doutoramento. Universidade de Pretória, África do Sul. 1-133.
Swannell RPJ, Lee K, McDonagh M. 1996. Avaliação no terreno da bioremediação de derrames de petróleo marinho. *Microbiol* Rev. **60**:342-365.
Ta-Chen Lin, Chui-Chung Young, Mann-Jing Ho, Mao Song Yeh, ChienLieng Chou, HuHong Wei, Jo-Shu Chang. 2005. Caracterização da atividade de flutuação de isolados bacterianos indígenas assimiladores de gasóleo. *Journal of Bioscience and Bioengineering.* **99**: 5, 466-472.
Taki H, Syutsubo K, Mattison GR, e Haryana S. 2007. Identificação e caraterização de *Rhodoccus* sp. que degradam o o-xileno e que foram espécies dominantes na remediação de solos contaminados com oxileno. **Biodegradação18**: 17-26.
Trindade PVO, Sobral LG, Rizzo ACL, Leite SGF, Soriano AU. 2005. Biorremediação de um solo intemperizado e de um solo recentemente contaminado com petróleo do Brasil: um estudo comparativo. Chemosphere, **58**: 515-522.
Tugrul T, e Cansunar E. 2005. Deteção de microrganismos produtores de surfactantes através do teste de queda, *World J.Microbiol. Biotechnol.* **21**: 851853.
van der Meer JR. 1994. Adaptação genética das bactérias aos compostos aromáticos clorados. *FEMS Microbiol.* Rev. **15**:239-249.
van Grevenynghe J, Bernard M, Langouet S, Le Berre C, Fest T, e Fardel O. 2005. As células estaminais hematopoiéticas humanas CD 34-positivas constituem alvos para hidrocarbonetos aromáticos policíclicos cancerígenos. *J Pharmacol. Exp. Ther* **314:**693702.
van Hamme JD, Odumeru JA, Ward OP. 2000. Dinâmica da comunidade de uma cultura mista de bactérias que crescem em hidrocarbonetos de petróleo em cultura descontínua. *Can. J. Microb.* **46**(5): 441-450.
van Hamme JD, Singh A, e Ward ONW. 2003. Avanços recentes na microbiologia do petróleo. *Microbiological and Molecular Biology Review* **67**(4), 503-549.
van Herwijnen R, Joffe B, Ryngaert A, Hausner M, Springael D, Govers HA, Wuertz S, e

Parsons JR. 2006. Efeito da bioaumentação e de fontes de carbono suplementares na degradação de hidrocarbonetos aromáticos policíclicos por uma cultura derivada do solo. *FEMS MicrobiolEcol* **55**:122-135.
Vecchioli GI, Dei Panno MT, Painceira MT. 1990. Utilização de bactérias autóctones selecionadas para aumentar a degradação de hidrocarbonetos no solo. *Poluição Ambiental*, **67**: 249-258.
Venkateswaran K, Harayama S. 1995. Enriquecimento sequencial de populações microbianas que apresentam uma melhor biodegradação do petróleo bruto. *Can. J. Microb*. **41**: 767-775.
Vidali M. 2001. Bioremediação. Uma visão geral. *Pure Appl. Chem*. **73** (7): 11631172.
Wang Z, Gao D, Li F, Zhao J, Xin Y, Simkins S, Xing B. 2008. Potencial de Degradação de Hidrocarbonetos de Petróleo de Bactérias do Solo Nativas do Delta do Rio Amarelo. *Pedosfera*. **18** (6): 707-716.
Waste and Emergency Response, EPA 542-F-01-001.
Watanabe K. 2002. Linking genetics physiology and ecology: an interdisciplinary approach for advancing bioremediation (Ligação entre genética, fisiologia e ecologia: uma abordagem interdisciplinar para o avanço da biorremediação). *J. Biosci. Bioeng*. **94** (6): 557-562.
Whang L, Liu PG, Ma C, Cheng S. 2009. Aplicação de ramnolípido e surfactina para melhorar a biodegradação do gasóleo - efeitos do pH e do amónio, *J. Hazard. Mater*. **164**(2-3): 1045-1050.
Wolfaardt GM, Lawrence JR, Headly JV, Robarts RD, e Caldwell DE. 1998. Caracterização *in situ* de exopolímeros de biofilmes envolvidos na acumulação de produtos orgânicos clorados. *Microb. Ecol*. **35**, 213-223
www.home.eng.iastate.edu, Todd Brubaker
www.organicfacts.net/nutrition, Nishidha Patil.
www.soytech.com/soy
Yakubu MB. 2007. Abordagem biológica para a remediação de derrames de petróleo no solo. *Jornal Africano de Biotecnologia* **6** (24): 2735-2739.
Zheng Z, e Obbard JP. 2002. Remoção de hidrocarbonetos aromáticos policíclicos solubilizados com surfactante por *Phanerochaete chrysosporium* num reator de contactor biológico rotativo. *J. Biotechnol*. **96**, 241-2

MIX
Papier aus verantwortungsvollen Quellen
Paper from responsible sources
FSC® C105338

Printed by Books on Demand GmbH, Norderstedt / Germany